高 等 学 校 教 材

Physical Chemistry Experiment

物理化学实验

王金玉 刘 莹 主编

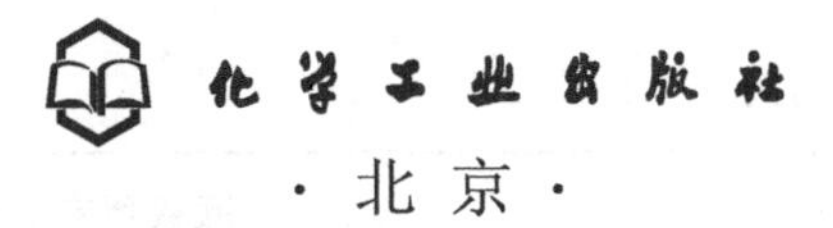

·北 京·

内容简介

《物理化学实验》主要内容包括：绪论、实验仪器设备使用简介、基础实验、综合实验以及附录五部分。本教材中的实验涵盖了化学热力学、电化学、动力学、表面及胶体化学、结构化学等多个方面，目的是通过基础性实验教学，使学生了解和掌握物理化学实验的原理和方法，通过综合和设计型实验训练学生的动手能力和创新能力。

本书可作为化学、化工、材料等专业的教材，亦可供从事物理化学实验教学的教师、技术人员参考。

图书在版编目（CIP）数据

物理化学实验/王金玉，刘莹主编．—北京：化学工业出版社，2023.3（2024.8重印）

ISBN 978-7-122-42492-1

Ⅰ.①物… Ⅱ.①王…②刘… Ⅲ.①物理化学-化学实验-高等学校-教材 Ⅳ.①O64-33

中国版本图书馆CIP数据核字（2022）第206568号

责任编辑：汪　靓　宋林青　　　装帧设计：史利平
责任校对：李　爽

出版发行：化学工业出版社（北京市东城区青年湖南街13号　邮政编码100011）
印　　装：北京科印技术咨询服务有限公司数码印刷分部
787mm×1092mm　1/16　印张8¾　彩插1　字数211千字　2024年8月北京第1版第2次印刷

购书咨询：010-64518888　　　售后服务：010-64518899
网　　址：http://www.cip.com.cn
凡购买本书，如有缺损质量问题，本社销售中心负责调换。

定　　价：25.00元

前言

物理化学实验是化学化工相关专业本科生的一门重要的必修实验基础课，在多所高校已经独立设课，但尚没有一本独立的教材。近年来，随着“新工科”背景和工程教育专业认证理念的深入，物理化学实验在教学内容、教学方法及教学设备等方面都有了很大的发展和变化，因此需要对物理化学实验的项目内容进行优化设计，主要体现在以下几点：（1）基础类实验项目较多，综合类实验项目偏少，本书在撰写过程中，增设了部分综合类实验项目，并借鉴当前多所高校的物理化学实验项目内容，制定了适用于化工大类的实验课程体系和课程大纲，优化设计了相关实验项目。（2）部分实验项目中涉及仪器设备款式老旧落后，设计理念不符合相关技术要求，我校实验中心物化实验教学组自研自制开发出凝固点测定装置、物理化学量气反应装置、化学反应热测定综合实验装置等仪器，这些改进的仪器设备的应用替代了原有的老旧设备。（3）随着大家安全环保意识的加强，实验过程中所用部分溶剂和药品需要更换为无毒、绿色的溶剂和药品，实验设计需要做相应的调整。我校实验中心物化实验教学组已经成功将三组分液-液体系相图的测定实验中氯仿和醋酸进行了替换，分配系数的测定实验中苯和苯甲酸进行了替换等。综上所述，为适应新形势下教学需要，结合目前我校实验中心物化实验教学组近年来不断探索的结果，拟在借鉴其他同类教材的基础上，编写一本符合当前人才培养目标的物理化学实验教材。

本教材涵盖热力学实验、电化学实验、动力学实验、表面及胶体化学实验、结构化学实验等，通过基础实验教学，可使学生了解和掌握化学实验的原理和方法，综合实验力求训练学生的动手能力和创新能力。实验项目设置结合了石油类大学的油气特色，例如：“缓蚀剂的电化学评价”实验项目中，结合油气田酸化过程中，需加入缓蚀剂降低酸液对金属管线、设备的腐蚀这一目的，采用电化学方法，对缓蚀剂性能进行评价；“高聚物摩尔质量的测定”实验项目中，结合在钻井、压裂、酸化、提高采收率等多个油气开采过程对聚丙烯酰胺分子量的需求不同，选用乌氏黏度计法测定，这样可以在现场施工过程中快速对聚丙烯酰胺进行分子量检测，确保聚丙烯酰胺质量符合施工要求。

另外，本书编写中参考了国内一些经典教材和教学研究成果，在此向他们深致谢忱。本书得到了西南石油大学教务处、化学化工学院、化学化工学院实验教学示范中心的支持和帮助，在此也一并表示感谢。

本教材参加编写的人员有：王金玉（第1章，第2章2.3、2.8，第3章实验4、实验11、实验20、实验22、实验23、实验24，第4章实验25，附录），刘莹

（第2章2.4，第3章实验1、实验5、实验8、实验13、实验14、实验17、实验19，第4章实验28）、吴洋（第2章2.1、2.7，第3章实验6、实验7、实验10、实验12、实验18、实验21）、王娜（第2章2.2、2.5、2.6，第3章实验2、实验3、实验9、实验15、实验16，第4章实验26、实验27）。全书由王金玉统稿，王金玉、刘莹完成了书稿的核校工作并任主编。在本书编写过程中，方申文、朱元强、余宗学、柯强等对本书的编写提出了宝贵的意见，方申文、王金玉、刘莹、卿大咏、王娜等为有关实验的开发和完善做了大量的工作。本书得到了四川省2018—2020年高等教育人才培养质量和教学改革项目（JG2018-421）“基于OBE理念下物理化学实验教学模式的改革与实践”、四川省2018—2020年高等教育人才培养质量和教学改革项目（JG2018-423）“全方位优化实验平台建设——助力学生创新创业能力培养”、西南石油大学实验教学方法改革研究项目（x2019sz008）“虚实结合的物理化学实验教学模式探索——以《蔗糖水解反应速率的测定》为例”等项目支持。

由于我们水平和时间的限制，书中不当和疏漏之处在所难免，恳请使用本书的师生批评指正。

编者

2022年9月

目录

第1章 绪论 1

第2章 实验仪器设备使用简介 11

第1章 绪论

1.1 物理化学实验的目的和要求

化学是一门建立在实验基础上的科学，化学中的许多定律和学说以及科研成果都源于实验，同时又不断接受实验的检验，化学课程的许多理论知识需要在实验课上进行消化和理解，实验教学是大学化学学习过程中必不可少的重要内容。物理化学是化学的重要分支，物理化学实验主要通过物理的方法和手段，来研究物质的物理化学性质以及这些物理化学性质与化学反应之间的关系，从中形成规律性的认识，从而使学生掌握物理化学的有关理论、实验方法和实验技术。

作为一门独立的基础实验课程，物理化学实验的主要目的是让学生通过实验来巩固和加深课堂所学的理论知识，训练实验基本操作和技能，了解常用仪器并掌握正确的使用方法，培养理论联系实际和分析问题、解决问题的能力。学生初步了解物理化学的研究方法，从而提高用实验解决化学问题的能力。这些方法包括实验条件的选择、实验现象的记录、重要物化性能的测量、实验数据的处理及可靠程度的判断、实验结果的分析和归纳等。通过物理化学实验教学，还可加深对物理化学和物质结构中某些重要的基本理论和概念的理解。

为达到实验的目的，学生除了要有正确的学习态度外，还应遵循实验课程的实验要求。

(1) 实验前需认真预习。物理化学实验涉及众多仪器设备，因此实验前的预习尤为重要。学生应事先认真阅读实验内容和实验涉及的附录，在了解和掌握的基础上认真写出实验预习报告。预习报告应包括：实验的目的和要求，实验测量所依据的重要原理和实验技术，实验操作的计划，实验中须倍加注意的关键点，仪器设备的使用方法，数据记录的格式，讲义中的问答题以及预习报告中产生的疑难问题等。在明确以上内容的基础上，写出简明的预习报告，实验教师应在课前检查学生的预习报告，进行必要的提问，并解答疑难问题，学生达到预习要求后才能进行实验。

(2) 实验操作小心谨慎。学生进入实验室后须遵守实验室规则，穿戴好实验服装，检查该实验所需仪器和试剂是否符合实验要求，并做好实验的各种准备工作，记录实验的环境条件、具体实验的操作时间。要求仔细观察实验现象，详细记录原始数据，严格控制实验条件，整个实验过程要求有严谨的科学态度，做到清洁整齐，有条有理，一丝不苟；还要积极思考，善于发现和解决实验中出现的各种问题。实验完毕后，做好仪器设备的维护，使之恢复待用状态，同时清理好实验台面，做好“三废”处理，养成良好的实验习惯。

(3) 课后按时完成实验报告。实验后学生必须将原始记录交给教师签字或记录，然后正确处理数据，写出实验报告。实验报告应包括：实验的目的和要求，简明原理，实验仪器和实验条件，具体操作步骤，数据处理及误差分析，出现的问题及结果讨论。实验报告要格式正确、记录清楚、结论准确、文字简练、书写整洁。其中数据处理、误差分析和结果讨论是实验报告的重要部分，是课堂理论知识的延伸，是学生综合能力的体现，以便为提升实验方案内容与课堂理论知识的契合程度提供参考。

教师对于每一个实验，应根据实验所用的仪器、试剂及具体操作条件，向学生提出实验结果数据的误差合格范围，如学生达不到此要求，则视超出的程度处理，扣分或者重做。另外，实验操作是否规范、顺利完成、实验前是否预习充分、实验结束后是否做好清理工作、实验报告是否有错误也作为评分内容。

1.2 实验数据的记录和误差处理

实验过程中，各种测量数据都应及时、准确、详细地记录下来。为确保记录真实可靠，实验者应备有专门的实验原始记录本，并按顺序编排页码，一般不得随意撕去造成缺页。原始记录是化学实验工作原始情况的真实记载，所记录的内容不能带有主观因素。原始数据不能缺项，不得随意涂改，更不能抄袭拼凑和伪造数据。如发现某数据因测错、记错或算错而需要改动时，可将该数据用一横线划去，并在其上方写上正确数值。

实验动手能力不仅表现在能独立、顺利、快速地完成实验内容上，更重要的是表现在善于将实验结果值的误差控制在最小的范围内。要具备这一能力，除了要在预习中全面理解和熟悉与具体实验有关的原理及操作外，还须掌握具有普遍指导意义的误差理论知识。

1.2.1 物理化学实验中的误差问题

1.2.1.1 直接测量和间接测量

一些基本的物理化学量可以从仪表或器具中直接读出，例如，温度、体积、质量等。如此得到的数值称为直接测量值，但多数物化实验的测量对象往往要利用直接测量值经过某种公式的运算才能得到其值。例如燃烧热，反应速率常数等，如此得到的数值称为间接测量值。

1.2.1.2 绝对误差和相对误差

当用测量器具或仪表读取数值时，误差或大或小总是存在的，例如安装在恒温槽上的水银温度计最小分度值为 0.2℃，当我们某一时刻读得水温为 20.5℃时，最末位的“5”字是可疑的，实际值应该在 20.5±0.1 之间，因为温度计上并没有 20.5℃这一刻度，我们是凭目力将 20.4 和 20.6 之间的小格分成四等份，然后对比水银柱液面定出此读数的。此时 0.1℃称为绝对误差。0.1/20.5×100%=0.5%称为相对误差，仪器的最小分度值是与仪器结构固有的相对误差相匹配的。例如温度计的水银柱体积/水银球体积之比是温度计的固有相对误差，其最小分度值能保证测量值的相对误差不因具体操作使水银柱在液体介质中的浸没深度变化而超出范围。因此采用光学技术对仪器的最小分度做进一步细分是没有意义的。一般来说，间接测量值的相对误差是由直接测量值的相对误差经过一定的误差传递规律得到的，而间接测量值的绝对误差则由它的相对误差与其乘积得到。

1.2.1.3 误差传递和控制因素

直接测量值的误差会由一定的规律传递给间接测量值，具体来说就是由直接测量值以和差关系构成的间接测量值的绝对误差等于各直接测量值绝对误差之和。由直接测量值以积间关系构成的间接测量值的相对误差等于各直接误差值相对误差之和。

$$\begin{cases}若\ y=a-b+c-d+L \\ 则\ |\Delta y| \leqslant |\Delta a|+|\Delta b|+|\Delta c|+|\Delta d|+LL\end{cases} \tag{1-2-1}$$

$$\begin{cases}若\ y=\dfrac{a}{b}\dfrac{c}{d}LL \\ 则\ \left|\dfrac{\Delta y}{y}\right|=\left|\dfrac{\Delta a}{a}\right|+\left|\dfrac{\Delta b}{b}\right|+\left|\dfrac{\Delta c}{c}\right|+\left|\dfrac{\Delta d}{d}\right|+LL\end{cases} \tag{1-2-2}$$

在物化实验中频繁运用的是式(1-2-2)，有时关系式中还会出现对数项，若将该对数微分式代入传递中则也不难解决。我们注意到在上面两个误差传递式的右边都是加和关系，这意味着有出现大数“吃掉”小数的可能性，举例来说，用一只四位计数器做 0.123+0.0001+0.0003 的运算，得到的结果是 0.123，也即 0.0001 和 0.0002 被 0.123 吃掉了。为此我们把误差传递式右边中比起其他项至少高出一个数量级的最大项所对应的直接测量对象称为控制因素。如果我们把提高测试技术的精力放到这一测量对象上就能收到事半功倍的效果。

1.2.1.4 偶然误差和动态测量

当我们用容量瓶量取一定体积的水时，我们完全能使弯液面与瓶颈刻度线正好对齐，即使操作误差等于 0，因为此时的测量是静态测量。但在动态测量时我们做不到这一点。例如测定液体的黏度时，我们让液体在毛细管中竖直降落。用秒表测定弯液面在下降过程中经毛细管上下两刻度线所需的时间，以此计算液体的黏度。我们发现尽管两刻度线间的距离是固定的，但每次测得的经历的秒数在小数点后第二位或第一、二位总是相等的，并以某值为中心或上或下的变化。这是由于此时的弯液面位置是动态的。我们很难判断它是否到了恰好对准刻线的时刻，再说从大脑完成到手指完成按表操作所需的时间也是复杂多变的，像这类操作引入的误差是不可避免的，属于偶然误差，偶然误差也称为随机误差，能引起偶然误差的因素还有：动态的实验条件，例如恒温槽里的水浴并不真正恒温，会有上下 0.5℃ 的波动；作为恒压也并不为真正恒压，在有风的季节十分钟内常有上下几毫帕的波动；例如分析天平的横梁刀口钝化，仪表的螺丝松动等都能造成读数误差。

1.2.1.5 样本平均值和置信区间

在产生偶然误差的条件下，重复测量同一物理量，每次所得结果必定围绕平均值作或上或下、时大时小的变动，统计理论指出，如果不存在其他类型的误差，当重复测量次数无穷大时，所得平均值就是真值。但实际操作时我们只能进行有限次的测量，无穷次测量得到的无穷个测量值称为该测量值的总体，有限次测量得到的有限个测量值称为该测量值的样本，显然样本是从总体中抽取而来的。现在问题是如果用样本平均值代替总体平均值（亦即真值)，则绝对误差等于多少？这对于前述的计算误差传递量是十分重要的。统计理论指出总体平均值亦即真值，将以一定的概率落在 X 的区间里，这个概率值称为置信度，该置信度相应的值落点的区间称为置信区间，较大的置信度需要有较宽的置信区间来保证。

1.2.1.6 系统误差和消除对策

在测量过程中某些固定的原因所造成的误差，能使重复测量的结果引起真值一直偏高或一直偏低，这种误差称为系统误差。系统误差的主要来源有：①仪器刻度不准（如容量瓶等）或刻度的零点发生变动（如电光天平等），标准样品的浓度不符，如测定黏度时标准样品蒸馏水含有杂质；②实验条件不合格，如温度计刻度不准造成水浴温度偏低时会使蒸气压测定值一直偏低；③实验者感官上的最小分辨力和某些固有习惯等引起的误差，如有人习惯于用凹液的亮边对准移液管刻线，也有人习惯于用暗边对准刻线；④实验方法有缺点，或采用了不适当的近似计算公式，例如做二元相图时，若保温效果太差、降温速率太快会造成大的过冷度，使测量值整体偏低。

系统误差是可以消除的，通常采用的方法有：①用减量法消除仪器的零点变动现象，例如做铜氧化速度测定实验时，不必调整电光天平的零点，也不必分别称出挂钩、挂丝和铜片的质量，只要称出每一观察时刻的这三者的总质量，然后减去 $t=0$ 时刻的总质量，或是铜片增重的准确值，因为零点漂移量在两者相减时被同时消去；②用校正曲线法消除刻度不准的现象，例如用标准温度计和实验者使用的温度计同时测定一系列的介质温度，以实验温度计读数作横标，标准温度计读数作纵标，用曲线表示这一系列的测定值的对应关系，在以后的实验中就可以由实验温度计测得名义温度值，由曲线图查出实际温度值；③掌握标准化的操作动作要领，改进实验方法和条件。

1.2.1.7 过失误差及消除对象

对于动手能力欠缺的学生，除了上述的偶然误差和系统误差外，往往可能由于动作上的粗枝大叶，不遵守操作指导或不理解操作原理，以致在实验中还会另外引入许多的过失误差，例如半电池管中的残液不做适当处理，试液从移液管到锥形瓶的过程有丢损，错将 KCl 溶液当作 $ZnSO_4$ 溶液，将温度计读数 20.2 看成 22.0（该情况经常发生）等，这些都属于不应有的失误，会对实验结果带来严重影响，必须注意避免。对于同一物理量只测量一次的实验，发生过失误差后应能及时发现以便重做。例如在燃烧热测定实验中，若打开氧弹后发现燃烧不完全，则应立即决定重做，并加倍重视弹盖旋紧，充氧足量，置于水中无气泡，对于同一或同名物理量测量多次的实验，可以在数据处理时将其剔除。例如在双液系气-液平衡相图的测定、溶液表面张力的测定等实验中，发现个别实验点远离图线时，可将其剔除后再画曲线或再进行最小二乘法拟合。

1.2.2 物理化学实验中数据的作图处理方法

将实验中测得的数据通过曲线图表示出来，可使各物理量间的相互关系表现得更为直观，并可由此图线较简便地求出各实验点间的未测值，还可表示最高或最低点或转折点机器特性，以及确定线性化方程式中的截距和斜率等参数，进而求其他物理量，完成一幅完整的曲线图包括坐标的绘制、曲线的绘制和图解点的标注。不少学生往往由于忽视作图时的一些具体要求而影响了实验成绩，现分别详细说明如下。

1.2.2.1 坐标轴和有效数字

完整的坐标轴必须有：

（1）两根正交的带箭头的坐标轴线。

（2）写在箭头前方或外侧的坐标名称和计量单位。例如在液体饱和蒸气压的测定实验中，应在横坐标箭头的右方或下方标上“$T/10^3\mathrm{K}$”，在纵坐标箭头的上方或左方标上“$\ln(p/\mathrm{Pa})$”或“$\ln(p/\mathrm{mmHg})$”。

(3) 均匀标在坐标轴线上的刻线及数值，数值的起点不必从零开始。数值的有效位数必须与直线测量值的相对误差匹配。

在有效数字里，最末位的数字是可疑的，一般认为最大可有±3 的不确定范围，因此一个有意书写的有效数字不仅表示了一个测量值，同时也表示了该测量值的相对误差。例如安装在蒸气压测定装置中的温度计最小分度值为 1℃，起点从 0℃开始，当我们用它来测量水浴温度，并将其温度值记为 78.0℃时，意味着该测量值可能为 77.7～78.3 之间的某数，相对误差可达 0.4%，若记为 78℃时，意味着该测量值可能为 75～81 之间的某数，相对误差可达 4%。例如某值的相对误差为 10%，数量级为 4，有效数字为 11，若写成 11000 就是错的，而应写成 1.1×10^4。在本实验课程的报告中，为统一起见，应在量纲前添加适当的数量级，使得坐标上的刻线数值尽可能多地呈一位数。

1.2.2.2 函数曲线和图框尺寸

正确的物理化学变量间的关系曲线应是：①实验点均匀分布在其两侧或最好落在其上；②光滑、曲率显著或直线斜率绝对值接近于 1；③位置安排正中满幅。这里如何选择图框尺寸十分关键，如果图框尺寸过小，造成曲线萎缩。

若遇到难以进行的图解作业，容易将来之不易的测量值的有效位数在图中白白损失掉。如果图框尺寸过大，造成的图中的实验点距离拉大，需要用曲率小跨度大的，甚至 12 片一套的单式曲线板才能将各实验点光滑连接，用一般学生用的曲线板连接只能跨 2～3 个实验点，势必形成凹凸无常、斜率震荡的曲线。图 1-2-1 是一些常见的错误曲线。此外，在曲线旁还应标注实验条件。如果在一个坐标系里有两条或更多曲线，这一点尤为重要，因为我们需要根据曲线的条件对其加以识别。

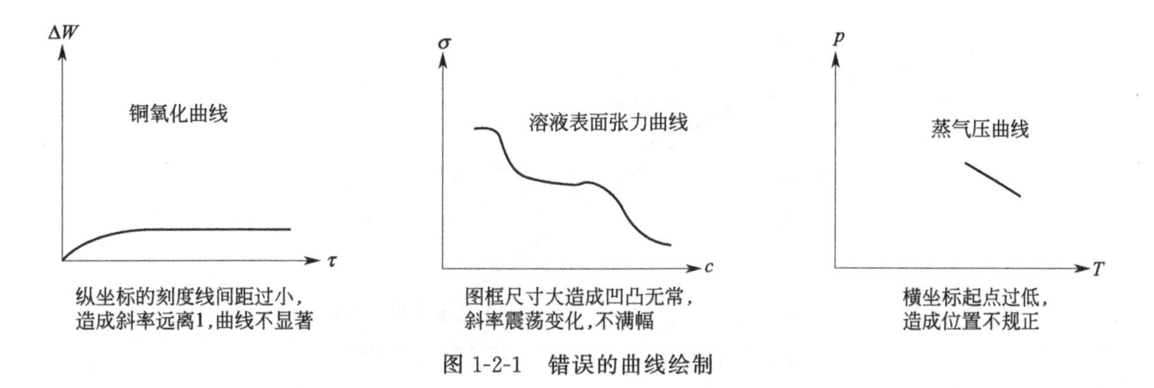

图 1-2-1 错误的曲线绘制

1.2.2.3 图解处理和镜像法求导

画出实验曲线后，还须通过图解处理求出斜率、截距等参数。进而求出活化能、汽化热、表面吸附超量等间接测量值，才是实验的最终目的。本课程的实验只限于求直线的斜率和截距（蒸气压及汽化热、双氧水分解、金属铜氧化实验）以及曲线的切线斜率（正丁醇表面吸附量实验）。为了便于教师核对批改，计算斜率用的两个取自直线上的点应该用圆点和坐标值注明，斜率的计算过程应紧接在图下的报告纸上写出，以免图画拥挤杂乱，在曲线上画切线是一种技术难度高的图解处理，仅仅依赖直尺画切线时，是将直尺绕切点一边转动，一边判断直尺边与曲线构成的两个夹角是否相等，若相等即可画出切线。该法误差较大，比较精确的是镜像法。用一块有直边的平面镜垂直地放在图纸上，使镜的直边大致正交地通过曲线上的某点，以该点为轴旋转平面镜，使曲线在镜中成像。图中的曲线光滑连接，不形成折线，然后沿曲线作一直线，此直线可被认为是曲线在该点上的法线。再将此镜面与另半段曲线同上法找出该点的法线，如与前者不重叠可取此二法线的中线作为该点的法线，再作这根法线的垂线，即得在该点上曲线的切线。

1.2.2.4 图解处理举例

某同学在 H_2-O_2 燃料电池催化剂的活性评价测定实验中，按照积分方程 $\ln(V_\infty - V_0)/(V - V_t) = kt$ 的要求，测得表 1-2-1、表 1-2-2 的数据。他应该完成图 1-2-2 所示的图解处理过程。

表 1-2-1　反应过程数据记录

时间 t/min	0.00	1.00	2.00	3.00	4.00	5.00	∞
V_t/mL(T=20.0℃)	0.00	2.55	5.15	7.30	9.60	12.10	52.10
V_t/mL(T=30.0℃)	1.24	5.30	10.5	12.00	18.45	21.00	55.30

(1) 首先将上述原始数据处理成线性化关系。

表 1-2-2　线性化关系处理结果

时间 t/min	0.00	1.00	2.00	3.00	4.00	5.00	∞
$\ln(V_\infty - V_t)$(T=20.0℃)	3.953	3.903	3.849	3.802	3.750	3.699	00
$\ln(V_\infty - V_t)$(T=30.0℃)	3.990	3.912	3.813	3.747	3.607	3.509	00

(2) 然后取横标范围 0～5.00，纵标范围 3.500～4.000，再取适当比例，使得两坐标轴线大致等长，得到图 1-2-2：

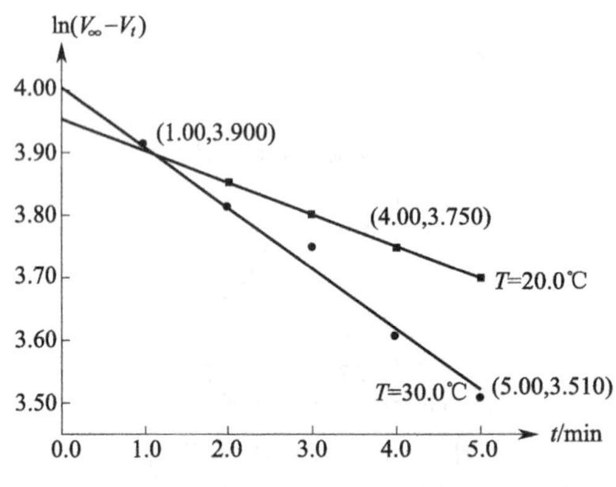

图 1-2-2　双氧水分解反应动力学速率-时间图

(3) 图解直线选位时，应注意使尽量多的实验点落在直线内，而直线外的实验点需平均地散落在直线两旁。这两条图解直线画好后，分别加注 T=20.0℃和 T=30.0℃的反应条件，以便识别。

(4) 在所画的直线上取点：计算出斜率。经常发生的一种错误是任意从表格中取出两个实验点直接用于斜率计算。这种获得的斜率值会随着所选的实验点而变化不定。只有在直线上进行取点计算才可获得不变的斜率值。画直线的过程是将所有的实验点以图解法进行斜率的平均化处理的过程。平均斜率计算如下：

20℃下有(1.00,3.900)和(4.00,3.760)两点，$k=\dfrac{3.760-3.900}{4.00-1.00}=-0.468\text{min}^{-1}$

30℃下有(1.00,3.900)和(5.00,3.510)两点，$k=\dfrac{3.150-3.900}{5.00-1.00}=-0.975\text{min}^{-1}$

1.3 物理化学实验室安全与防护

1.3.1 实验室基本安全原则

每一个化学实验中均隐藏着各种类型的危险和危害，进入化学实验室进行实验之前都应当熟知实验室中隐含的安全问题，必须意识到安全问题是第一位的，因为一旦你觉察到某个实验过程隐含的特定危险或危害，出于自我保护的本能，你将有足够的动力去防止这些问题发生。实验室守则是人们在长期的实验室工作中，从正反两方面的经验和教训中归纳总结出来的，它可以防止意外事故，保持实验的环境和工作秩序，遵守实验室守则是做好实验的重要前提。以下强调几点实验室工作的基本安全原则。

(1) 确定潜在的危险危害，并在实验开始前确认合适的安全操作程序。

(2) 了解安全设备和设施的位置和使用方法，如灭火器、报警装置、急救包、安全冲淋器、洗眼器、紧急出口等。

(3) 爱护公共财物，小心使用仪器设备，养成节约用水、用电和用气的好习惯。对发现的不安全情况及时提醒，别人造成的事故同样可能对你自身造成损害。

(4) 插入电源插头前检查电气设备，检查或更改电器路线前拔出电源插头，确保仪器没有任何暴露在外的高电压组件。

(5) 不要用嘴将溶液吸入移液管。

(6) 进入实验室必须始终穿着实验服，佩戴防护目镜和丁腈橡胶手套。

(7) 禁止戴实验防护手套在实验室外游荡，接触电梯按钮、门窗把手、楼梯扶手、电话机等公共物品。

(8) 使用精密仪器时，必须严格按照操作规程进行，应细致谨慎，避免因粗心大意造成仪器损坏。如发现仪器故障，应立即停止使用并报告老师。使用仪器后应自觉填写仪器使用记录。

(9) 发生意外事故时应保持镇静，不要惊慌失措。遇有烧伤、烫伤和割伤等情况时应报告老师，及时进行处理和治疗。

(10) 以下人员不得进入实验室进行实验工作：披肩长发者，穿着裙子、短裤者，穿拖鞋、凉鞋、浅口鞋、高跟鞋者。

(11) 废纸、火柴梗和碎玻璃等应及时倒入垃圾箱内，酸性液体、碱性液体均应倒入指定的废液缸内，切勿倒入水槽。遵守实验室废弃物处理规则，将实验废弃物分别放入指定的回收容器中，不得随意丢弃或冲入下水道，以防止安全危害和环境污染。

(12) 不要单独一人在实验室做实验，公用药品不得擅自拿走。

(13) 不要在实验室里饮食、喝水等。

1.3.2 实验室安全信息

实验室中存在许多易燃、易爆、有腐蚀性或有毒的化学药品，因此在实验前应提前查阅相关资料，充分了解实验所需药品的使用说明以及安全注意事项。在实验时，应在思想上十分重视安全问题，集中注意力，遵守操作规程，避免事故的发生。

每个实验资料中都包括涉及的危险危害内容和注意事项。建议实验前通过材料安全性数据表（material safety data sheet，MSDS）查验相关安全信息，MSDS是一个在化工领域被广泛使用的用来描述化学试剂和化学混合物的系统编录，MSDS信息包含安全使用化学品的指引、潜在的可能由化学品引发的威胁等内容。该数据库的官方网站为：http：//www. msds. com。

在国内查阅MSDS相关数据有以下几种方法。

（1）中国科学院的科学数据库中有材料安全性数据表（MSDS）的专项子库，网址为http：//www. organchem. csdb. cn/scdb/main/msds _ introduce. asp。

（2）http：//www. flinnsci. com/msds-search. aspx，能够提供大部分实验室使用试剂的英语MSDS信息。

（3）比较权威的英语MSDS表格可以从Sigma-Aldich公司的官方网站进行检索，网址为：http：//www. sigmaaldrich. com/china-mainland. html。首先输入试剂名称（中文名称亦可）进行搜索，找到产品后在“文档与安全信息”中找到“安全技术说明书”，再输入产品货号即可获得安全数据表（MSDS），可选择不同语言查看化学品安全技术说明书。

（4）比较有效的查阅MSDS数据的网址为：http：//www. msdsonline. com/。该网站需免费注册后才能正常使用，在搜索栏中输入相应的化合物的英文名称等就可以查询了。不过，英文名称搜索的结果涵盖面很大，包括该化合物的海量衍生物，如果想快速达到目标，建议输入物质的CAS号码或者商品序列号，这样可以有效缩小搜索范围。

建议查阅英文版MSDS信息，以确保获得信息的完整性。根据查阅获得的信息，考虑适当的防护措施。

MSDS中对每种化学药品进行了详细的全方位的安全说明，主要包括以下几个部分：化学品及企业标识、危险性概述、成分与组成信息、急救措施、消防措施、泄漏应急处理、操作处置与储存、接触控制与个体防护、理化特性、稳定性和反应性、毒理学信息、生态学信息、废弃处理、运输信息、法规信息以及其他信息。因此在进行相关实验之前，应知晓实验所需的药品，并通过上述网站查阅相关药品的MSDS信息，主要了解其使用安全方面的相关信息。以此来提高自己的安全意识，在进行实验时就能更有效地保护自身以及他人的安全。

1.3.3 实验室事故的预防与处理

化学实验室中有各种实验所必需的化学试剂与仪器，所以常常有触电、着火、爆炸、中毒、灼伤等安全隐患，如何防止这些事故的发生以及发生事故以后又如何处置，这些都是每一个化学实验工作者必须具备的常识。

1.3.3.1 防触电和着火

在实验室中会使用较多的电器以及设备，此时安全用电就尤为重要。违章用电常常可能造成人身伤亡、火灾、仪器损坏等严重事故。科学研究表明，人体内通过50Hz的交流电1mA就有感觉，10mA以上时肌肉强烈收缩，25mA以上则呼吸困难，甚至停止呼吸，100mA以上则使心脏的心室产生纤维颤动，直至死亡。直流电在通过同样电流的情况下，对人体的损害虽然稍小但也相差不远。所以要特别注意用电安全，主要应注意以下几点。

① 使用仪器前要根据仪器标牌上所提供的技术数据正确选用电源（如交流、直流、220V、高压电源、低压电源等）。安装和拆除接线的操作一定要在断电状态下进行，以防触电和电器短路。

② 操作仪器时，手要保持干燥，切忌直接用手触摸电源。要严格按照说明书使用仪器仪表，没有特殊情况，应避免在使用过程中断电。

③ 实验结束后，应关闭仪器电源，并且关闭仪器接线插座上的电源开关。

④ 禁止高温热源靠近电线，防止火灾。

⑤ 电线接头要结合严密，包扎牢固，生锈的仪器或接触不良处要及时处理，以免电火花产生。

⑥ 若遇起火，要立即一面灭火，一面防止火势蔓延，灭火时要针对起因选用合适的方法。实验室一旦发生火灾，应首先切断电源，使用灭火器或沙子灭火，千万不要用水浇。如遇电线起火，切勿用水或导电的酸碱泡沫灭火器灭火，应立即切断电源，用二氧化碳或四氯化碳灭火器灭火。若遇活泼金属如钠、镁以及白磷等着火，宜用干沙灭火，不宜用水、泡沫灭火器及四氯化碳灭火器。实验室人员衣服着火时，切勿惊慌乱跑，应立即脱下衣服或用石棉布盖住着火处。

1.3.3.2 防爆

当实验室内有可燃性气体时，应尽量减少可燃性气体的挥发，同时要保持实验室良好的通风，同时，禁止使用明火，防止电火花产生。有些固体试剂如高价态氧化物、过氧化物等受热或撞击时容易引起爆炸，使用时应按要求进行操作。实验室使用高压容器如氧气、氮气、氢气、二氧化碳钢瓶，一定要在教师指导下使用。可燃气体与空气混合比例达到爆炸极限时，就容易引起爆炸。使用可燃性气体时，要防止气体逸出，保持室内通风良好。操作大量可燃性气体时，严禁同时使用明火，还要防止发生电火花及其他撞击火花。有些药品如叠氮化铝、乙炔银、乙炔铜、高氯酸盐、过氧化物等受振动和受热都易引起爆炸，使用时要特别小心。严禁将强氧化剂和强还原剂放在一起。久藏的乙醚使用前应除去其中可能产生的过氧化物。实验室应设防爆措施，如防爆电器、防爆灯等，谨防爆炸隐患。

1.3.3.3 防中毒

实验室中每个药品和试剂要有与其内容相符的标签，剧毒物品要严格遵守“五双”制度（双人保管、双人发放、双把锁、双台账、双人验收）。有毒气体可以通过呼吸道、消化道、皮肤等进入人体。防毒的关键是尽量减少或杜绝直接接触有毒试剂。若实验用到有毒试剂，那么实验前应了解其毒性和相关的防毒保护措施，并且在通风橱内操作。比如：操作有毒气体或药品（如 H_2S、Cl_2、NO_2、浓盐酸、氢氰酸等）应在通风橱中进行；苯、CCl_4、乙醚、硝基苯等的蒸气会引起中毒，虽然它们都有特殊气味，但吸久后会使人嗅觉减弱，必须严加警惕；有些药品（如苯、汞）能穿过皮肤进入体内，应避免直接与皮肤接触；高汞盐、可溶性钡盐、重金属盐（铬盐、镉盐、铅盐等）的毒性较大，应妥善保管。下面列举几种常见的中毒处理方法。

① 若毒物误入口中，可取 5～10mL 稀 $CuSO_4$ 溶液加入一杯温水中，内服后用手指伸入咽喉，促使呕吐，然后立即送医院治疗。

② 若不慎吸入煤气、Br_2 蒸气、Cl_2、HCl、NH_3 等有毒气体时，应立即到室外呼吸新鲜空气。

1.3.3.4 防灼伤

强酸、强碱、强氧化剂、溴、冰醋酸、磷、钠、钾等都会灼伤或腐蚀皮肤，尤其要防止它们溅入眼中。使用前应提前查阅 MSDS 信息，知晓其危险性与急救措施。使用时除了要有适当的防护措施外，一定要按照规定操作。除此之外，实验室还可能有高温灼伤（如电炉、烤箱）和低温冻伤（如干冰、液氮）等，使用上述仪器或药品时同样要按照规定操作。不同类型的灼伤有不同的处理方法，下面列举几种常见的药品灼伤处理方法。

① 若遇酸灼伤，应立即用大量水冲洗，再用饱和碳酸氢钠溶液或稀氨水冲洗，最后再用水冲洗。

② 若遇碱灼伤，应立即用大量水冲洗，再用 2%醋酸溶液或 3%硼酸溶液冲洗，最后再用水冲洗。

③ 若遇溴灼伤，应立即用大量水冲洗，再用酒精擦至无溴存在为止。若情况严重，应立即送医院诊治。

1.3.4 实验室环保

实验中经常会产生有毒的气体、液体和固体，需要及时排弃，如不经处理直接排出就可能污染周围环境，损害人体健康。因此，对废气、废液和废渣要经过一定的处理，达到可排放要求后方可排弃。

(1) 废气处理。对产生少量有毒气体的实验应在通风橱内进行，通过通风设备将少量毒气排到室外而被空气稀释，以免污染室内空气。产生毒气量大的实验必须备有吸收或处理装置，如 NO_2、SO_2、Cl_2、H_2S、HF 等可用导管通入碱液中而被吸收。

(2) 废液处理。使用后的废液不能直接排放，应先用废液桶收集起来集中处理。例如调废液的 pH 值，酸、碱废液可中和后排放，含重金属离子的废液可加碱调 pH 值 8～10 后再加硫化钠处理，使有害成分转变成难溶于水的氢氧化物或硫化物而沉淀分离，残渣掩埋，清液达到排放标准后就可以排放。废铬酸洗液可加入 $FeSO_4$，使六价铬还原成三价铬后按普通重金属离子废液处理。这样会减轻污水处理的难度和减少处理成本，同时保护了环境。

(3) 废渣处理。废渣（包括少量有毒的废渣）应集中收集，然后运至指定地点掩埋；有毒成分较多的废渣，应进行处理后方可掩埋。若实验中使用了汞，应注意不要将汞直接暴露于空气中，在 U 形汞压差计等汞面上应加水或其他液体，尽量避免汞蒸气外逸。盛汞的容器应有足够的机械强度，以免容器破裂。在实验中要尽量避免因水银温度计、U 形汞压差计以及含汞电极的人为损坏而造成汞污染。若有汞掉落在桌上或地面上时，应用吸汞管尽可能地将汞珠收集起来，然后用硫黄覆盖在汞掉落的地方，摩擦使之生成 HgS 并清除。废物包括废弃的药品、试剂瓶等，废弃的药品要集中收集处理，不能直接丢到垃圾桶，废弃的试剂瓶应先用水冲洗干净，再丢弃。

第2章 实验仪器设备使用简介

2.1 阿贝（Abbe）折射仪

2.1.1 工作原理和构造

折射率是物质的重要常数之一，许多纯物质都具有一定的折射率，如果其中含有杂质则折射率将发生变化，出现偏差。因此，通过测定物质的折射率，可以了解物质的纯度、浓度及其结构，在实验室中可使用折射仪来测量液体物质的折射率。当一束单色光从介质A进入介质B（两种介质密度不同）时，光线在通过界面时改变了方向，这一现象称为光的折射，它遵循光的折射定律。

$$\frac{\sin\alpha}{\sin\beta}=\frac{n_B}{n_A}=n_{A,B} \tag{2-1-1}$$

式中　α——入射角，°；

β——折射角，°；

n_A——介质A的折射率；

n_B——介质B的折射率。

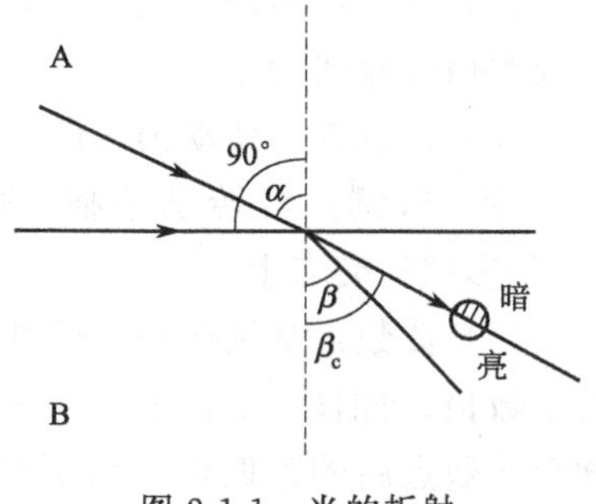

图 2-1-1　光的折射

按式(2-1-1)，当光线由折射率小的介质进入折射率大的介质时，即 $n_B>n_A$，则入射角一定大于折射角，即 $\alpha>\beta$，当入射角增大时，折射角也增大，当入射角增大到90°时，则折射角为 β_c，此角称为临界折射角，如图2-1-1所示。

因此，当光线由A介质进入B介质时，折射线只能落在临界折射角 β_c 之内，即 $\beta<\beta_c$，故大于折射角处构成了暗区，所以临界角 β_c 决定明暗两区分界线的位置，具有特征意义。因 sin90°＝1，式(2-1-1) 可简化为：

$$n_A=n_B\sin\beta_c \tag{2-1-2}$$

若B介质为棱镜，其折射率 n_B 是已知的，只要测出临界折射角 β_c，则可通过式(2-1-2) 计算出被测试样的折射率 n_A。阿贝折射仪就是根据这一原理设计的。其构造如图2-1-2所示。

2.1.2 使用方法

（1）仪器安装：将阿贝折射仪安装在光亮的地方，但应避免阳光的直接照射，以免液体

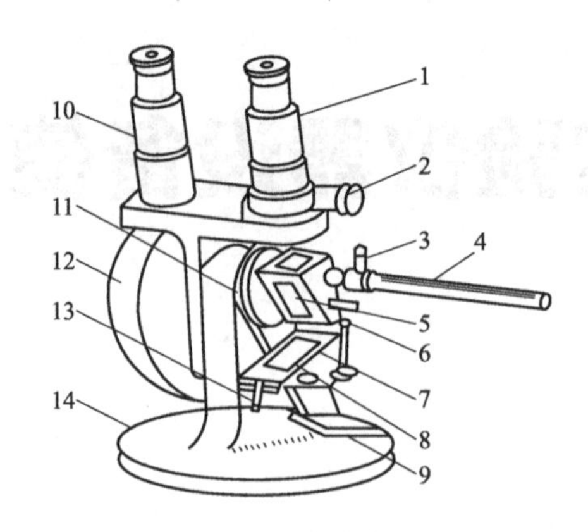

图 2-1-2　阿贝折射仪的构造

1—测量望远镜；2—消色散手柄；3—恒温水入口；4—温度计；
5—测量棱镜；6—铰链；7—加液槽；8—辅助棱镜；9—反射镜；
10—读数望远镜；11—转轴；12—刻度盘罩；13—闭合旋钮；14—底座

试样受热迅速蒸发。将超级恒温槽与其相连接使恒温水通入棱镜夹套内，检查棱镜上温度计的读数是否符合要求，一般选用（20±0.1）℃或（25±0.1）℃。

（2）清洗：用纯乙醇清洗上下棱镜，用擦镜纸擦干（不可来回擦）。

（3）加样：旋开测量棱镜和辅助棱镜的闭合旋钮，使辅助棱镜的磨砂斜面处于水平位置，用滴管滴加数滴试样于测量棱镜的光滑镜面上，迅速盖上辅助棱镜，旋紧闭合旋钮。

（4）对光：转动手柄，使刻度盘标尺上的示值为最小，于是调节反射镜，使入射光进入旋性物棱镜组。同时，从测量望远镜中观察，使视场最亮。调节目镜，使视场准丝最清晰。

（5）粗调：转动手柄，使刻度盘标尺上的示值逐渐增大，直到观察到视场中出现彩色光带或黑白分界线为止。

（6）消色散：转动消色散手柄，使视场内呈现清晰的明暗分界线。

（7）精调：再转动手柄，使分界线正好处于“×”形准丝交点上。

（8）读数：从读数望远镜中读出刻度盘上的折射率数值，如图 2-1-3 所示。常用的阿贝折射仪可读至小数点后的第四位，为了使读数准确，一般应将试样重复测量三次，每次相差不超过 0.0002，然后取平均值。

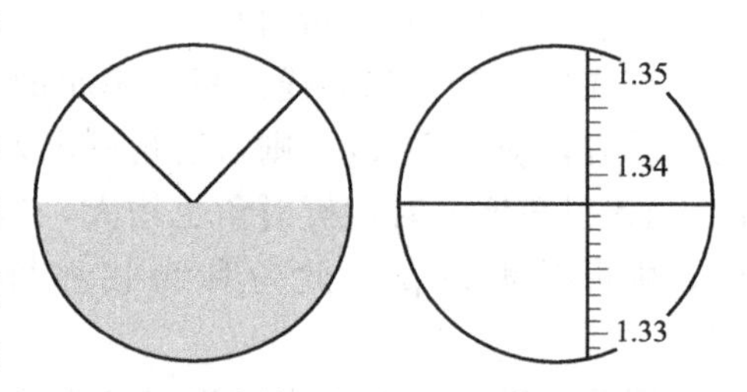

图 2-1-3　读数时目镜下的视野与测量值

（9）仪器校正：折射仪刻度盘上的标尺的零点有时会发生移动，须加以校正。校正的方法是用一种已知折射率的标准液体，一般是用纯水，按上述的方法进行测定，将平均值与标准值比较，其差值即为校正值。纯水在 20℃时折射率为 1.3325，在 15～30℃之间的温度系数为 $-0.0001℃^{-1}$。在精密的测量工作中，须在所测范围内用几种不同折射率的标准液体进行校正，并画出校正曲线，以供测试时对照校核。

2.1.3　注意事项

（1）使用时要注意保护棱镜，清洗时只能用擦镜纸而不能用滤纸等。加样时不能将滴管口触及镜面。对酸碱等腐蚀性液体不得使用阿贝折射仪。

(2) 每次测定时，试样加量约 2～3 滴，确保将测量棱镜的光滑镜面全部覆盖。

(3) 要注意保持仪器清洁，保护刻度盘。每次实验完毕，用擦镜纸擦干。最后用两层擦镜纸夹在两棱镜镜面之间，以免镜面破坏。

(4) 读数时，有时在目镜中观察不到清晰的明暗分界线，是因为棱镜间未充满液体，若出现弧形光环，则可能是由于光线未经过棱镜而直接照射到聚光透镜上。

(5) 若待测试样折射率不在 1.3～1.7 范围内，则阿贝折射仪不能测定。

2.2 分光光度计

2.2.1 工作原理和构造

分光光度计是一种利用物质分子对不同波长的光具有吸收特性而进行定性或定量分析的光学仪器。根据选择光源的波长不同，有可见光分光光度计（波长 380～780nm）、近紫外分光光度计（波长 185～385nm）、红外分光光度计（波长 780～300000nm）等。

物质中分子内部的运动可分为电子的运动、分子内原子的振动和分子自身的转动，因此分子具有电子能级、振动能级和转动能级。其中电子能级跃迁所需的能量较大，一般在 1～20eV，吸收光谱主要处于紫外及可见光区，这种光谱称为紫外可见光谱。如果用红外线（能量为 1～0.025eV）照射分子，此能量不足以引起电子能级的跃迁，而只能引发振动能级和转动能级的跃迁，得到的光谱为红外光谱。由于物质结构不同对上述各能级跃迁所需能量都不一样，因此对光的吸收也就不一样。各种物质都有各自的吸收光带，因而能对不同物质进行鉴定分析，这是分光光度法进行定性分析的基础。

当一束平行光通过均匀、不散射的溶液时，一部分被溶液吸收，一部分透过溶液。能被溶液吸收的光的波长取决于溶液中分子发生能级跃迁时所需的能量。光能量减弱的程度与物质的浓度有一定的比例关系，服从朗伯-比耳定律：

$$A=\varepsilon c l \tag{2-2-1}$$

式中 A——吸光度，cm；

c——有色物质的浓度，$mol \cdot L^{-1}$；

l——液层厚度，cm；

ε——比例常数，称为摩尔吸光系数，与入射光的波长以及溶液的性质、温度有关。

若入射光的波长、溶液的温度和比色皿（液层厚度）均一定，则吸光度 A 与溶液的浓度成正比。分光光度计就是按上述物理光学现象设计的，723N 型分光光度计结构示意图如图 2-2-1 所示。

2.2.2 使用方法

(1) 打开仪器电源，仪器进入自检和预热，预热 20min。

(2) 预热完成后，选择测量模式(光度测量、定量测量)，按【ENTER】键确认。

(3) 设置测试波长：点击【GO】键，在空白框中输入测定的波长，点击【ENTER】键确认。

(4) 四个比色皿，其中一个放入参比试样，其余三个放入待测试样，将比色皿放入样品

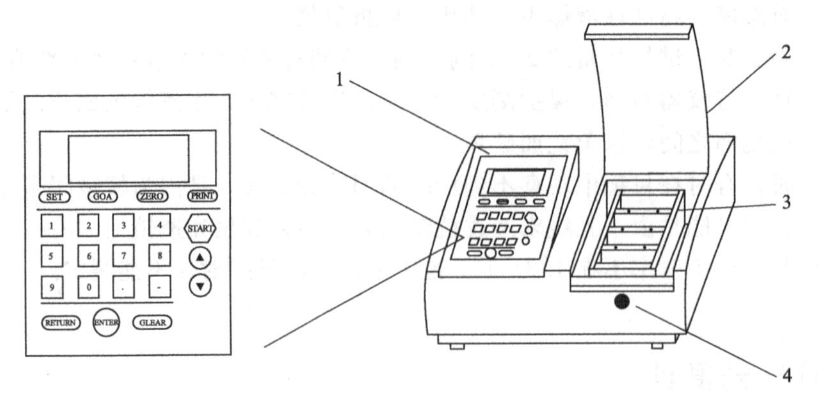

图 2-2-1 分光光度计结构示意图

1—控制面板；2—样品盖；3—样品架；4—拉杆

池比色皿架中，比色皿透光面正对光路，合上样品池暗箱盖。

(5) 通过暗箱下面的拉杆将参比样品推至光路，按【ZERO】键进行校零。

(6) 拖动拉杆逐个测试样品，在液晶屏上读取吸光度值并进行记录。

(7) 测试完毕后，取出样品池后将样品池拉杆推到底，关闭仪器电源。

2.2.3 注意事项

(1) 测定时比色皿要先用蒸馏水冲洗，再用被测溶液洗 3 次，以免改变被测溶液的浓度。

(2) 溶液装入比色皿后，要用擦镜纸或滤纸条擦干比色皿外部，擦时要注意保护透光面，拿比色皿时，只能捏住毛玻璃的两边。

(3) 比色皿放入比色皿架内时，应注意它们的位置，尽量使它们前后一致，否则容易产生误差。

(4) 比色皿中装液体积在 1/3～3/4 的范围，体积太小，光路无法通过溶液，体积太大，溶液容易漏出污染比色皿架。

2.3 SDC-Ⅱ型数字电位差综合测试仪

2.3.1 工作原理和构造

SDC-Ⅱ型数字电位差综合测试仪是采用对消法测量原理设计的一种电位测量仪器，它将普通的电位差计、检流计、标准电池及工作电池合为一体，保持了普通电位差计的测量结构，并在电路设计中采用了对称设计，保证了测量的高精确度，其原理简图如图 2-3-1 所示。

仪器面板见图 2-3-2，其中补偿旋钮对应图中的调节电阻 R，其余 5 个旋钮组成一套可调电位器，对应图（由数字 7 表示）中的调节旋钮 R_x^0 外标插孔连接标准电池，测量方式选择“外标”；若测量方式选择“内标”，则无需连接标准电池，此时由仪器内部通过电子技术产生一个基准工作电流。

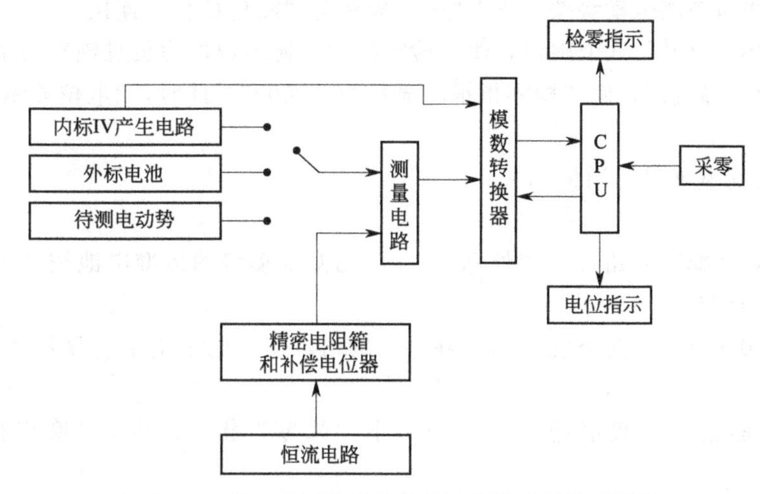

图 2-3-1　SDC-Ⅱ型数字电位差综合测试仪原理简图

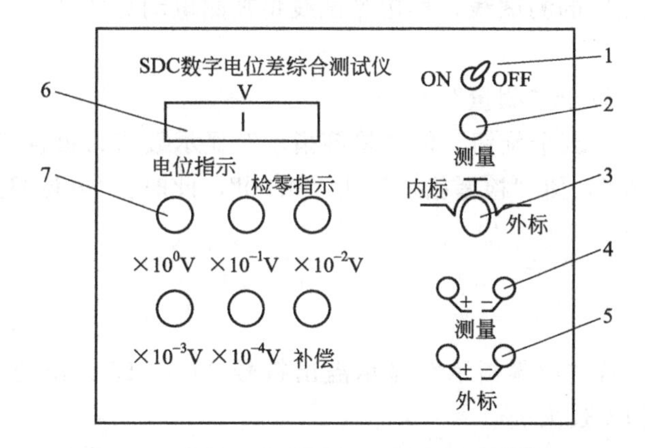

图 2-3-2　SDC 数字电位差综合测试仪面板旋钮介绍

1—电源开关；2—采零按钮；3—测量选择；4—测量接线端口；

5—外标接线端口；6—显示屏；7—读数旋钮组及补偿旋钮

2.3.2　使用方法

（1）开机

用电源线将仪表后面板的电源插座与～220V 电源连接，打开电源开关（ON），预热 15min 进入下一步操作。

（2）以内标为基准进行测量

校验

① 将“测量选择”旋钮置于“内标”。

② 将测试线分别插入测量插孔内，将“10^0”位旋钮置于“1”，“补偿”旋钮逆时针旋转到底，其他旋钮均置于“0”，此时，“电位指标”显示“1.00000”V，将两测试线短接。

③ 待“检零指示”显示数值稳定后，按一下“采零”键，此时，“检零指示”显示为“0000”。

测量

① 将“测量选择”置于“测量”。

② 用测试线将被测电动势按“+”“−”极性与“测量插孔”连接。

③ 调节“10^0～10^4”五个旋钮，使“检零指示”显示数值为负且绝对值最小。

④ 调节“补偿旋钮”，使“检零指示”显示为“0000”，此时，“电位显示”数值即为被测电动势的值。

（3）以外标为基准进行测量

校验

① 将“测量选择”旋钮置于“外标”。并将已知电动势的标准电池按“+”“−”极性与“外标插孔”连接。

② 调节“10^0～10^4”五个旋钮和“补偿”旋钮，使“电位指示”显示的数值与外标电池数值相同。

③ 待“检零指示”数值稳定后，按一下“采零”键，此时，“检零指示”显示为“0000”。

测量

① 拔出“外标插孔”的测试线，再用测试线将被测电动势按“+”“−”极性接入“测量插孔”。

② 将“测量选择”置于“测量”。

③ 调节“10^0～10^4”五个旋钮，使“检零指示”显示数值为负且绝对值最小。

④ 调节“补偿旋钮”，使“检零指示”为“0000”，此时，“电位显示”数值即为被测电动势的值。

2.3.3 注意事项

（1）测量过程中，若“检零指示”显示溢出符号“OU.L”，说明“电位指示”显示的数值与被测电动势值相差过大。

（2）电阻箱$\times 10^{-4}$挡位值若稍有误差，可调节“补偿”电位器达到对应值。

2.4 酸度计

2.4.1 工作原理和构造

酸度计（又称 pH 计）是测定液体 pH 值最常用的仪器之一。仪器由仪器本体和 pH 玻璃电极组成。仪器本体实际上是一高输入阻抗的毫伏计，由于电极系统把溶液的 pH 值变为毫伏值是与被测溶液的温度有关的，因此，在测 pH 值时，仪器附有一个温度补偿器。温度补偿器所指示的温度应与被测溶液的温度相同。此温度补偿器在测量电极电势时不起作用。

由于每个电极系统的 pH 零电位都有一定的误差，如不对这些误差进行校正，则会给测量结果带来不可忽略的影响。为了消除这些影响，一般酸度计上都有一个“定位”电位器，在仪器校正时用来消除电极系统的零电位误差。

仪器本体的“选择”开关用于确定仪器的测量功能：选择“pH”挡时，用于 pH 测量和校正；选择“mV”挡，用于测量电极电势值。

玻璃电极下端呈球形，它是由特种玻璃吹制而成的玻璃薄膜，内装有 $0.1mol \cdot L^{-1}$ 的 HCl 溶液和 Ag-AgCl 内参比电极。它的电极电势可用下式表示：

$$E(\text{玻璃}) = -E^{\ominus}(\text{玻璃}) + 0.05917\lg[c(H^+)/c^{\ominus}] \quad (2\text{-}4\text{-}1)$$

甘汞电极由金属汞、Hg_2Cl_2 和饱和 KCl 溶液组成，其电极电势在给定温度下较为稳定，因此常作参比电极使用。将玻璃电极和甘汞电极插入待测溶液中，可组成一个原电池。由于玻璃电极的电极电势可随待测溶液的 pH 值改变而变化，测定该原电池的电动势，即可得该溶液的 pH 值。现多将二者组合在一起作为 pH 复合电极，如图 2-4-1 所示。

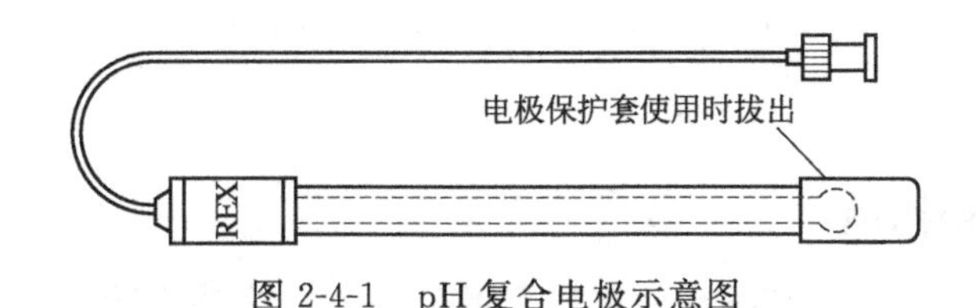

图 2-4-1　pH 复合电极示意图

2.4.2　使用方法

pHS-3C 数字式酸度计如图 2-4-2 所示。

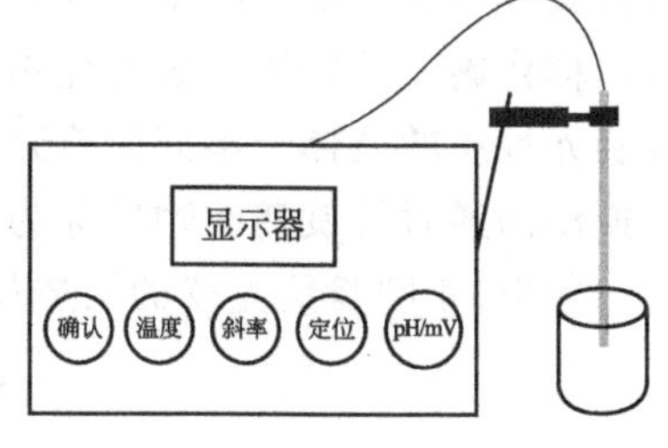

图 2-4-2　pHS-3C 数字式酸度计

(1) 酸度计标定

实验前应将酸度计标定（在连续使用前每天标定一次）。常规测量采用一点标定法，精确测量要采用两点标定法。

一点标定法

① 仪器接上复合电极，用蒸馏水冲洗电极，然后浸入缓冲溶液中。

② 将“斜率”电位器顺时针旋至最大值，调节温度电位器，使温度指示值与被测溶液的实际温度值一致。

③ 再将“选择”开关置于“pH”挡，调节“定位”电位器，使显示的 pH 值为该温度下缓冲溶液的标准值，仪器标定结束，此时“定位”等各个旋钮就都不能动了，仪器便可测量未知的被测溶液。

两点标定法

① 仪器接入复合电极，“斜率”电位器顺时针旋至最大值，将电极浸入 pH＝6.86 的缓冲溶液中，先测量缓冲溶液的温度，随后将温度电位器调节到与被测溶液的实际温度一致。

② 将“选择”置于“pH”挡，调节“定位”电位器使 pH 值显示的数值为该缓冲溶液在此温度下的标准值。

③ 如被测未知溶液是酸性溶液，则将电极从 pH＝6.86 的缓冲溶液中取出，用蒸馏水冲洗干净，然后插入 pH＝4.00 的缓冲溶液中，调节“斜率”电位器，使数值为该温度下的标准 pH 值；如被测溶液为碱性溶液，则应选用 pH＝9.18 的缓冲溶液作为第二次标定，调节“斜率”使数值为该温度下标准 pH 值。

④ 反复进行上述②、③两步骤，直到不用调节“定位”和“斜率”，而两种缓冲液都能达到标准值为止。

⑤ 将电极从标准缓冲液中取出，用蒸馏水冲洗干净然后测定被测溶液的 pH 值。

(2) 电极电势的测量

拔去短路插头，接上各种适合的离子选择电极和参比电极。仪器“选择”开关置于“mV”位，将电极浸入被测溶液中，此时仪器显示的数字就是该离子选择电极的电位(mV)，并自动显示正负极性。

2.4.3 注意事项

（1）干放的 pH 玻璃电极在使用前必须在蒸馏水中浸泡 8h 以上。

（2）仪器原输入端必须保持清洁，不使用时电极接口必须接上厂家配送的短路插；仪器应避免在湿度较大的环境中使用。

2.5 旋光仪

2.5.1 工作原理和构造

偏振光通过某种物质后，其振动面将以光的传播方向为轴线转过一定的角度，这种现象叫做旋光现象。旋转的角度称为旋光度。凡能使偏振光通过后将其振动面旋转一定角度的物质，称作旋光性物质。旋光性物质不仅限于石英、朱砂等固体，还包括糖溶液、松节油等具有旋光性质的液体。不同的旋光性物质可使偏振光的振动面向不同方向旋转。若面对光源，使振动面逆时针旋转的物质称为左旋物质；使振动面顺时针旋转的物质称为右旋物质。

WXG-4 圆盘旋光仪的构造如图 2-5-1 所示。

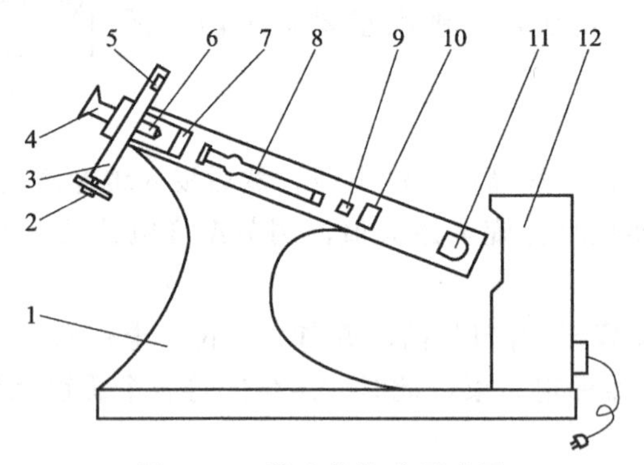

图 2-5-1　旋光仪构造示意图

1—底座；2—度盘调节手轮；3—刻度盘；4—目镜；5—度盘游标；6—物镜；7—检偏片；8—测试管；9—石英片；10—起偏片；11—会聚透镜；12—钠光灯源

测量方法采用半阴法，钠光灯发出的光经起偏片后成为平面偏振光，在半波片（劳伦特石英片）处产生三分视场。检偏片与刻度盘连在一起，转动度盘调节手轮即转动检偏片，可以看到三分视场各部分的亮度变化情况，如图 2-5-2 所示。其中图 2-5-2（a）、图 2-5-2（c）为大于或小于零度视场，图 2-5-2（b）为零度视场，图 2-5-2（d）为全亮视场。找到零度视场，从度盘游标处装有放大镜的视窗读数。

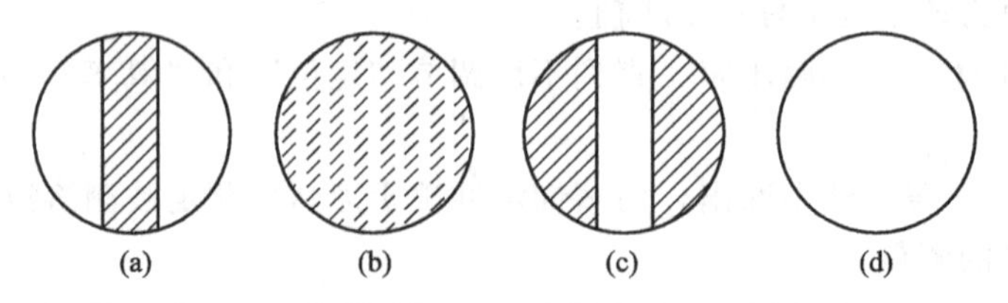

图 2-5-2　三分视场各部分的亮度变化情况示意图

将装有一定浓度的某种溶液的试管放入旋光仪后，由于溶液具有旋光性，使平面偏振光旋转了一个角度，零度视场便发生了变化，转动度盘调节手轮，使之再次出现亮度一致的零度视场，这时检偏片转过的角度就是溶液的旋光度，从视窗中的读数可求出其数值。

读数装置由刻度盘和游标盘组成，其中刻度盘与检偏镜连为一体，并可在度盘调节手轮的驱动下转动。为了避免刻度盘的偏心差，在游标盘上相隔 180°对称地装有左右两个游标，测量时两个游标都读数，取其平均值。

2.5.2 使用方法

（1）接通电源并开启仪器电源开关，约 5min 后钠光灯发光正常，就可以开始工作。

（2）调节旋光仪的目镜，使视场中三分视场区域及分界线十分清晰［图 2-5-2(a) 或 (c)］；转动检偏器，观察并熟悉视场明暗变化的规律。

（3）熟悉游角标尺的读数方法，记录最大仪器误差。

（4）检查仪器零位是否准确，即在仪器未放试管时，将旋光仪调到图 2-5-2(b) 所示的状态，看到视场两部分亮度均匀且较暗时，刻度盘上左右两游标窗口上的相应读数相加除以 2，作为零位读数。

（5）将盛满已知浓度或未知浓度溶液的试管依次放入仪器内，重调目镜使三分视场区域及分界线清晰，再旋转检偏器使视场亮度均匀且较暗，如图 2-5-2(b) 所示的状态，从刻度盘上左右窗口记下相应的角度。

（6）由偏振光被旋转的方向确定物质的旋光性（左旋还是右旋）。

2.5.3 注意事项

（1）溶液应装满试管，不能有气泡，如果试管中有气泡，应使气泡处于试管凸起处。

（2）试管和试管两端透明窗均应擦净才可装上旋光仪。

（3）操作中注意将试管放妥，避免将其摔碎。

（4）仪器电源不要反复连续地开关，若钠光灯熄灭，需停几分钟后再开。

2.6 电导率仪

2.6.1 工作原理和构造

电解质溶液依靠溶液中正负离子的定向运动而导电。其导电能力的大小用电导 G 与电导率 κ 表示。电导是电阻的倒数，因此实际上电导值的测量，是通过电阻值的测量再转换的。设将面积为 A、距离为 l 的两铂片插入电解质溶液中，根据电阻定律，测得此溶液的电阻 R 可表示为：

$$R=\rho\frac{l}{A} \tag{2-6-1}$$

式中　ρ——电阻率，Ω·m。

因为 $G=\frac{1}{R}$，代入上式，得：

$$G=\frac{1}{\rho}\frac{A}{l}=\kappa\frac{A}{l} \tag{2-6-2}$$

令
$$\frac{l}{A}=K_{\text{cell}} \tag{2-6-3}$$

则
$$\kappa=G\frac{l}{A}=GK_{\text{cell}} \tag{2-6-4}$$

式中　G——电导，S（西门子，西）；

κ——电导率，电阻率倒数，$S \cdot m^{-1}$；

K_{cell}——电导池常数。

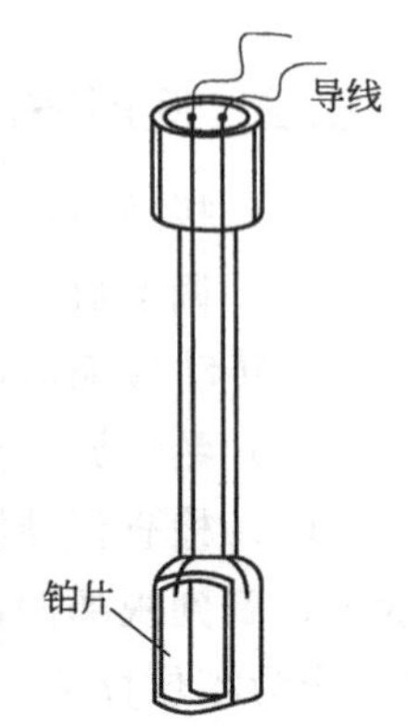

图 2-6-1　电导电极结构示意图

电导率仪就是用来测量电解质溶液电导率的仪器。电导率仪的测量原理是将两块平行的极板放到被测溶液中，在极板的两端加上一定的电势（通常为正弦波电压），然后测量极板间流过的电流。

电导率是距离 1cm 和截面积 $1cm^2$ 的两个电极间所测得电阻的倒数，由电导率仪直接读数。由式(2-6-4) 可得电解质的电导率除与电解质种类、溶液浓度及温度有关外，还与所用电极的面积 A、两极间距离 l 有关。在电导率仪中，常用的电极有铂黑电极和铂光亮电极（统称为电导电极，其结构如图 2-6-1 所示），对于某一给定的电极来说，l/A 为常数，叫作电极常数。每一电导电极的常数由制造厂家给出。

在国际单位制中，电导率的单位是 $S \cdot m^{-1}$，其他单位有：$S \cdot cm^{-1}$，$\mu S \cdot cm^{-1}$。$1S \cdot m^{-1}=0.01S \cdot cm^{-1}=10000\mu S \cdot cm^{-1}$。

DDS-11 A 型数显电导率仪结构示意图和控制面板图如图 2-6-2 和图 2-6-3 所示。

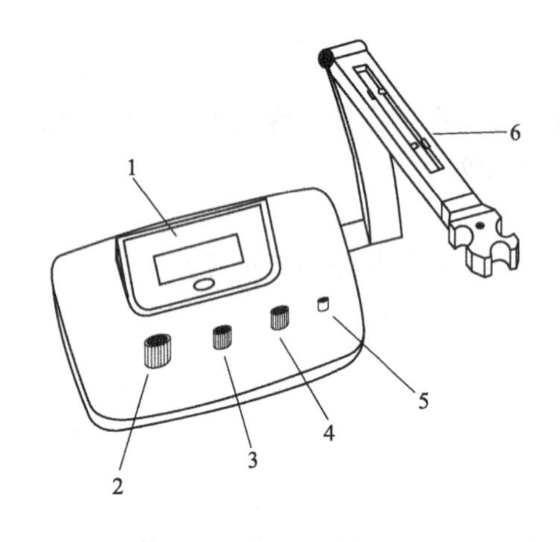

图 2-6-2　电导率仪结构示意图

1—显示屏；2—量程选择开关旋钮；3—常数补偿调节旋钮；
4—温度补偿调节旋钮；5—校准调节旋钮；6—电极支架

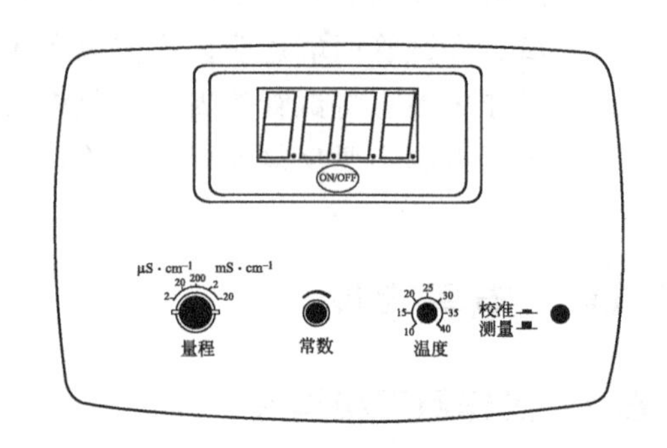

图 2-6-3　电导率仪控制面板图

2.6.2　使用方法

（1）开机：插接电源线，打开电源开关，并预热 10min。

（2）温度补偿：用温度计测出被测液的温度后，调节温度补偿旋钮，使其指示的温度值与溶液温度相同。

（3）常数校正：将仪器测量开关置于校正挡，将电极浸入被测溶液，使铂片完全浸入电极，调节常数校正钮，调节“常数”钮使显示数（忽略小数点位置）与所使用电极的常数标称值一致。如电极常数为 0.958，调“常数”钮使显示 958。常数为 1.04，则调“常数”钮使显示 1040。

(4) 测量：将“校正-测量”开关置于“测量”位，将“量程”开关扳到合适的量程挡，待显示稳定后，仪器显示数值即为溶液在实际温度时的电导率。如果显示屏首位为 1，后三位数字熄灭，表明被测值超出量程范围，可扳到高一挡量程来测量。如读数很小，为提高测量精度，可扳到低一挡的量程挡。

2.6.3 注意事项

(1) 电极的引线、插头不能受潮，否则将影响测量的准确性。

(2) 测量高纯水时，应采用密封测量槽或将电极接入管路之中。高纯水应在流动状态下进行，防止 CO_2 溶入水中而使电导率增加，影响测试准确度。

(3) 盛放被测溶液的容器必须清洁，无离子沾污。

(4) 当被测溶液的电导率低于 $20\mu S \cdot cm^{-1}$ 时，宜选用 DJS-1C 型光亮电极；当被测溶液的电导率高于 $20\mu S \cdot cm^{-1}$ 时，宜选用 DJS-1C 型铂黑电极；当被测溶液的电导率高于 $20mS \cdot cm^{-1}$ 时，可选用 DJS-10 电极，此时，测量范围可扩大到 $200mS \cdot cm^{-1}$。

2.7 表面张力仪

2.7.1 工作原理和构造

BZY-102 型表面张力仪是一种用物理方法代替化学方法简单易行的测试仪器，用它可以迅速、准确地测出各种液体的表面、界面张力值。在水力、电力部门用来测试电业用油的表面、界面张力值，以加强对绝缘油质的监督；在石油、化工、科研和教育部门也都得到广泛的应用。

该仪器主要由样品台、刻度盘、游标、吊杆臂、悬臂、制止器、游码、微调旋钮、蜗轮把手、铂金环、样品池等关键件组成。操作时通过测试蜗轮把手的旋转对扭力丝施加扭力，并使该扭力与液体液面接触的铂金环对液体的表面张力平衡，当扭力丝的扭力继续增大，被测液体表面被拉破时，扭力丝扭转的角度，在刻度盘上的游标指示出来的值，就是张力值，用 M 表示，单位为 $mN \cdot m^{-1}$。最后 M 值乘以校正因子 F，即得出液体实测的表面张力值和界面张力值 δ。

BZY-102 型表面张力仪的构造如图 2-7-1 所示。

2.7.2 使用方法

(1) 将仪器放在不受振动和平稳的台面上，调节螺丝 7 将横梁上的水准仪 14 调至圆心中央使仪器达到水平状态。

(2) 把铂金环和样品池进行清洗，用 10mL 的重铬酸钾饱和溶液和 90mL 硫酸的混合溶液洗涤后，再用蒸馏水冲洗干净。

(3) 将铂丝环悬挂在吊杆臂 5 的下端，旋转蜗轮把手 12 使游标 4 的“0”刻线与刻度盘 3“0”刻线对齐。然后把制止器 8 和 9 打开，使放大镜 13 中指针与镜片红线重合。如果不重合，则旋转微调旋钮 11 进行调整。

(4) 用质量法校正：在铂金环的纸片上放上一定质量的砝码，旋转蜗轮把手 12，当指

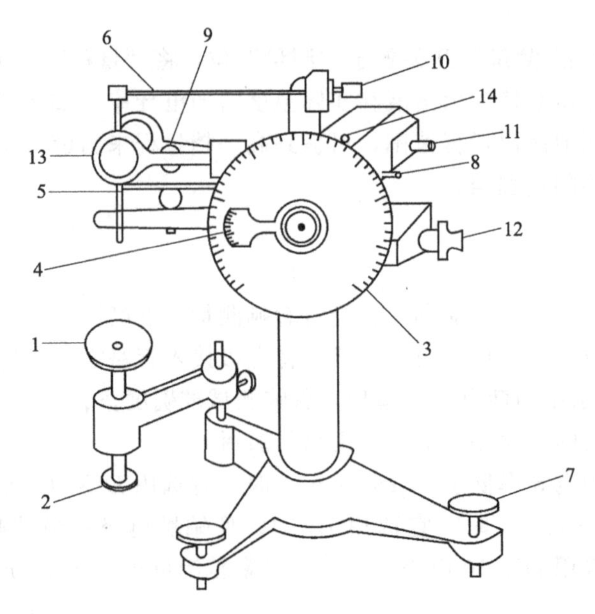

图 2-7-1　BZY-102 型表面张力仪

1—样品台；2—调样品座螺丝；3—刻度盘；4—游标；5—吊杆臂；
6—悬臂；7—调水平螺丝；8，9—制止器；10—游码；11—微调旋钮；
12—蜗轮把手；13—放大镜；14—水准仪

针与镜片红线重合时，游标指针位置与计算值一致，证明仪器不需调整。如果不一致，调整吊杆臂 5 和悬臂 6 的长度，并保证铂金环在实验中垂直地上下移动，在通过游码 10 的前后移动达到调整结果。

具体方法是：将 0.0005～0.0008kg 的砝码放在铂金环的纸片上，旋转蜗轮把手，直到指针与镜片红线准确地重合，记下刻度盘上的读数（精确到 0.1 分度）。如果用 0.0008kg 的砝码，刻度盘上的读数 M 为：

$$M=\frac{mg}{2L} \tag{2-7-1}$$

即 $M=[(0.0008\times9.8017\times103)/(2\times0.06)]\text{mN}\cdot\text{m}^{-1}=65.3\text{mN}\cdot\text{m}^{-1}$

式中　m——砝码质量，kg；

L——铂金环周长，m；

g——重力加速度，$\text{m}\cdot\text{s}^{-2}$。

（5）表面张力的测量：用少量待测溶液润洗玻璃杯，然后注入该溶液，样品池置于样品台 1 上，旋转调样品座螺丝 2 使样品台 1 升高，直到样品池中液体刚好同铂丝环接触为止（注意：环与液面必须呈水平）。同时旋转蜗轮把手 12 来增加钢丝的扭力，同时旋转样品台下调样品座螺丝 2 降低样品台位置。此操作应协调并小心缓慢地进行，确保放大镜中指针与镜片红线始终重合，直到铂丝环离开液面为止，此时刻度盘上的读数即为待测液的表面张力值。连续测量三次，取其平均值（注意：每次测定完后，逆时针旋转蜗轮把手 12 使游标 4 逆时针回到“0”位，否则扭力变化很大）。

（6）界面张力的测量：测量水与小于水密度液体间的界面张力时，铂金环向上动；而测量水与大于水密度的液体间的界面张力时，铂金环向下动。

① 测量水与小于水密度的液体之间的界面张力时，先把样品座升高到铂金环浸入水中约 5～7mm 处，把被测液体小心地加在水的表面上 5～10mm 的厚度，旋转调样品座螺丝 2，调到铂金环处于两种液体的界面处，此后便按照表面张力的测量方法进行。

② 测量水与大于水密度的液体之间的界面张力时，要求铂金环作用力向下，把大于水密度的液体放在玻璃杯中约 10mm 或更深些，在液体中放进约 5mm 深的水，升高样品台使铂金环浸入水中，使铂金环在液体的界面上时，指针保持与镜片红线重合，钢丝的扭力将被增加，铂金环将被向下压，这时把样品座升高，使指针继续与镜片红线重合，当这两种液体之间的薄膜破裂时，刻度盘上的读数就是界面张力值 M。

（7）数据校正：对实际表面张力的校正。表面张力是液体为一个张紧的薄膜的表面效应，表面张力与表面是相切的，用圆环法测量表面张力时，需考虑以下两种情况：

① 在测量过程中，铂金环被向上拉起使液体表面变形，随着环向上移动的距离增加，液体的变形也增加，所以从中心到破裂点的半径小于环的平均半径，这种影响由铂金环的半径和铂金丝的半径的比表示。

② 少量的液体沾附在铂金环的下部，这种影响可以用一种函数形式表示。

从以上两种影响来看，实际的张力值 δ 应由测得的张力值 M 乘以一个系数 F，实际的张力值 $\delta = M \cdot F$。

本仪器计算校正因子的公式如下：

$$F = 0.7250 + \sqrt{\frac{0.01452P}{C^2 D} + 0.04534 - \frac{1.679R}{r}} \tag{2-7-2}$$

式中 P——刻度盘读数，$mN \cdot m^{-1}$；

C——环的周长，6cm；

R——为环的半径，0.955cm；

r——铂丝半径，0.03cm；

D——液体密度，$g \cdot cm^{-3}$（取蒸馏水的密度）。

2.7.3 注意事项

（1）仪器应经常保持清洁，使用完毕后，取下铂金环，清洗干净。

（2）扭力丝应处在不受力的状态下。

（3）扭力丝的扭转不要超过 360°；杠杆臂应用偏心轴和夹板固定好。

（4）钢丝损坏更换时，前端用压板固定在蜗轮轴上，后端用手母锁紧。

2.8 PGM-Ⅱ介电常数实验装置

2.8.1 工作原理和构造

PGM-Ⅱ型数字小电容测试仪采用微弱信号锁定技术，具有高分辨率。该仪表不但能进行电容量的测定，而且可和电容池配套对溶液和溶剂的介电常数进行测定。电容池包括上、下两部分，上部为电极及引出线接头，下部为样品容器及恒温池。面板和电容池如图 2-8-1 所示：

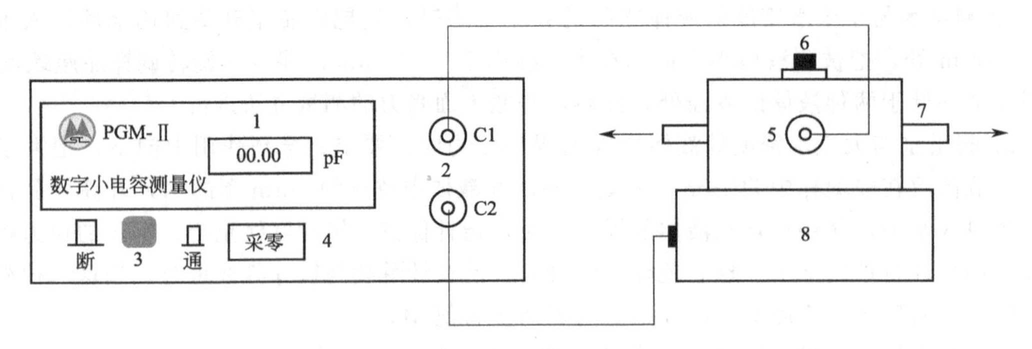

图 2-8-1　PGM-Ⅱ型数字小电容测试仪面板及电容池示意图

1—显示屏；2—测量接线；3—电源指示；4—调零旋钮；

5—电容池；6—加液口；7—恒温液循环口；8—电容池底座

2.8.2　使用方法

（1）预热：打开测试仪面板的电源开关，此时 LED 显示某数值，预热 30min。

（2）采零：用配套测试线将数字小电容测试仪的“C2”插座与电容池的“C2”插座相连，将另一根测试线的一端插入数字小电容测试仪的“C1”插座，插入后顺时针旋转一下，以防脱落，另一端悬空，待显示稳定后，按一下“采零”键，以消除系统的零位漂移，显示器显示“00.00”。

（3）空气介质电容的测量：将测试线悬空一端插入电容池“外电极 C1”插座，此时仪表显示值为空气介质的电容（$C_{空}$）与系统分布电容（C_d）之和。打开电容池，用电吹风（不得用热风）吹扫后，再次测定，反复进行上述操作，直至电容器读数误差小于 0.01pF。

（4）液体介质电容的测量：拔出电容池“外电极 C1”插座一端的测试线，打开电容池上盖，用丙酮或乙醚对电容池内、外电极之间的间隙进行数次冲洗，并用电吹风吹干（用冷风吹，不得用热风）。用移液管往样品杯内加入环己烷直至样品杯内的刻度线（注：每次加入的样品量必须严格相等）。盖上上盖，将拔下的测试线的空头一端插入电容池“外电极 C1”插座，此时，显示器显示值即为环己烷的电容（$C_{标}$）与分布电容（C_d）之和。

用吸管将环己烷吸出倒入废液缸，并用电吹风（不得用热风）吹干电容池，再次加入环己烷，重复测量一次，两次误差小于 0.01pF。

用吸管吸出电容池内环己烷，并用电吹风（不得用热风）吹干电容池，直至复核测定空气电容与前次测量值误差小于 0.01pF。打开电容池上盖，用移液管往样品杯内加入正丁醇-环己烷溶液至样品杯内的刻度线，按上述方法测定该样品的电容值。重复测量一次，两次误差小于 0.01pF。依次将所有溶液的电容值测量完毕。实验完毕，关闭电源开关，拔下电源线。

2.8.3　注意事项

（1）测量空气介质电容或液体介质电容时，需首先拔下电容池“外电极 C1”插座一端的测试线，再进行采零操作，以清除系统的零位漂移，保证测量的准确度。

（2）带电电容勿在测试仪上进行测试，以免损坏仪表。

（3）易挥发的液体介质测试时，加入液体介质后，必须将盖子盖紧，以防液体挥发，影响测试的准确度。

第3章 基础实验

I 热力学实验

实验1 燃烧热的测定

【实验目的】

1. 了解氧弹式量热计的原理、构造和使用方法。
2. 掌握恒容反应热的测定原理。
3. 用氧弹式量热计测量萘的燃烧热。

【实验原理】

燃烧热是指1mol纯物质完全燃烧时的热效应，是热化学中重要的基本数据。本实验用氧弹量热计测定固体有机物的燃烧热，然后通过温度、压力等因素的校正，获得固体有机物的标准摩尔生成焓。

一般化学反应的热效应，往往因反应太慢或反应不完全，导致难以直接测定或测量误差较大。但通过盖斯定律可用燃烧热数据间接计算。

$$\Delta_r H_m^{\ominus} = -\sum_B \nu_B \Delta_c H_{m,B}^{\ominus} \tag{3-1-1}$$

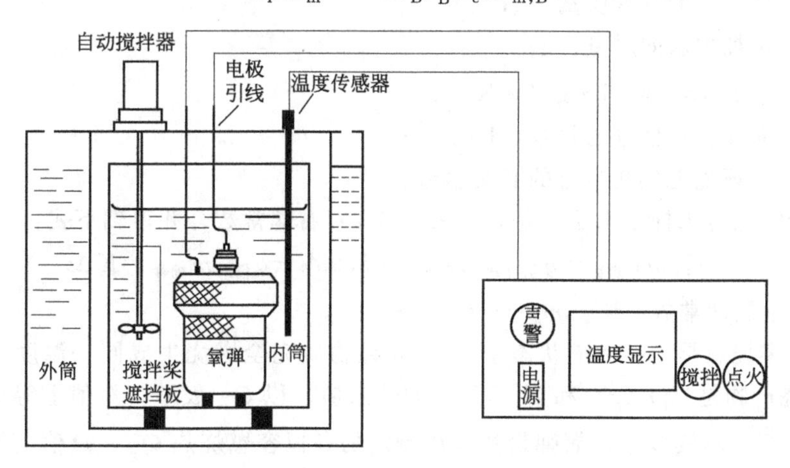

图3-1-1 物理化学反应热多功能测试仪（含氧弹量热计）装置

因此，燃烧热数据广泛应用于各种热化学相关计算中。

热化学实验常用的量热计有环境恒温式量热计和绝热式量热计两种。环境恒温式氧弹量热计的构造如图 3-1-1 所示。由图可知，该图为物理化学反应热多功能测试仪（含氧弹量热计）示意图，环境恒温式氧弹量热计基本构造是内外筒三层结构，将氧弹式量热计放置在装有一定量水的铝制水桶中，水桶外是空气隔热层，再外面是温度恒定的水夹套。将样品放入氧弹中充分燃烧后，释放的热量使内筒的水温升高，根据预先标定的体系热容，就可以计算出反应热。

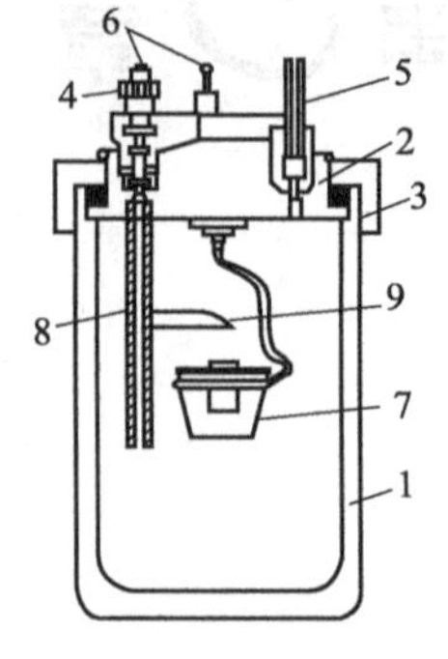

图 3-1-2　氧弹剖面图

1—不锈钢厚壁；2—弹盖；3—螺帽；4—进气孔；5—排气孔；6—电极；7—燃烧皿（不锈钢坩埚）；8—电极；9—火焰遮板

图 3-1-2 是氧弹剖面图，样品粉末压片后用引火丝缠绕后置于燃烧皿（坩埚）上方，为了使被测物质能迅速而完全地燃烧，需要有强有力的氧化剂。实验过程中，经常使用压力为 1.8～2.2MPa 的氧气作为氧化剂。再通过反应热多功能测试仪给引火丝通电，点燃样品充分燃烧。

样品在体积固定的氧弹式量热计中燃烧放出的热、引火丝燃烧放出的热、棉纱放出的热和氧弹内微量的氮气氧化生成硝酸的热，大部分被水桶中的水吸收；另一部分则被氧弹、水桶、搅拌器及温度计传感器等所吸收。在量热计与环境没有热交换的情况下，可写出如下的热平衡式：

$$Q_V m_{待测物} - q_{引火丝} m_{引火丝} + 5.98V - q_{棉纱} m_{棉纱} = m_{水} c\Delta t + C\Delta t \qquad (3\text{-}1\text{-}2)$$

式中　Q_V——被测物质的恒容燃烧热值，$J \cdot g^{-1}$；

$m_{待测物}$——被测物质的质量，g；

$q_{引火丝}$——引火丝的热值，$J \cdot g^{-1}$（铁丝为$-6694J \cdot g^{-1}$）；

$m_{引火丝}$——烧掉了的引火丝质量，g；

5.98——硝酸生成热为$-5983J \cdot mol^{-1}$，当用 $0.100mol \cdot L^{-1}$ NaOH 滴定生成的硝酸时，每毫升碱相当于$-5.983J$；

V——滴定生成的硝酸时，耗用 $0.100mol \cdot L^{-1}$ NaOH 的体积，mL；

$q_{棉纱}$——棉纱的热值，为$-16700J \cdot g^{-1}$；

$m_{棉纱}$——烧掉了的棉纱质量，g；

$m_{水}$——水桶中水的质量，g；

c——水的比热容，$J \cdot g^{-1} \cdot K^{-1}$；

C——氧弹、水桶等的热容，$J \cdot g^{-1}$；

Δt——与环境无热交换时的真实温差。

如在实验时保持水桶中水量一定，把式(3-1-2) 右端常数合并得到下式：

$$-Q_V m_{待测物} - q_{引火丝} m_{引火丝} + 5.98V - q_{棉纱} m_{棉纱} = K\Delta t \qquad (3\text{-}1\text{-}3)$$

式中　K——量热计常数，$K = m_{水} c + C$，$J \cdot K^{-1}$。

标准摩尔燃烧热是指在标准状态下，1mol 纯物质完全燃烧生成同一温度下的指定产物 C 和 H 的燃烧产物是 $CO_2(g)$ 和 $H_2O(g)$ 的热效应，以 Q_p 表示，量值上等于恒压标准摩尔燃烧焓 $\Delta_c H_m^{\ominus}$。本实验中，氧弹量热计法测定的是恒容燃烧热 Q_V，量值上等于恒容摩尔燃烧热力学能变 $\Delta_c U_m$，忽略压力的影响，有 $\Delta_c U_m = \Delta_c H_m^{\ominus}$。对于某一化学反应，把气体看成是理想气体，忽略压力对凝聚态物质焓变和热力学能变的影响，考虑质量和摩尔质量的关系，则可由下式将恒容标准摩尔热力学能变换算为标准摩尔反应焓变。

$$\Delta_c H_{m,B}^{\ominus}=\Delta_c H_{m,B}+\sum_B \nu_B(g)RT \tag{3-1-4}$$

式中　ν_B——气体的化学计量数。

【仪器、试剂及材料】

仪器：物理化学反应热多功能测试仪（含氧弹量热计）（西南石油大学自研自制），压片机，分析天平，万用表，氧气瓶，容量瓶（50mL），量筒（5mL），碱式滴定管（50mL），锥形瓶（150mL）等。

试剂：苯甲酸（A. R.），萘（A. R.），NaOH 标准溶液（$0.1000\mathrm{mol\cdot L^{-1}}$），酚酞指示剂，纯水。

材料：引火丝，棉纱。

【安全须知和废弃物处理】

1. 实验室中需穿戴普通棉纱实验服、防护目镜或面罩。

2. 遵守高压气体操作规范，不能将高压气体出口对准人体。每次氧弹充氧前，仔细确认氧弹已经完全封闭，密封圈未滑丝。

3. 苯甲酸和萘对人体皮肤、黏膜和眼睛等有损害，操作时使用丁腈橡胶手套，若发生皮肤沾染及时用肥皂清洗，再用水冲洗沾染部位 10min 以上。

4. 样品碎屑和残渣倒入固定的废弃物回收桶。

【实验步骤】

(1) 在台秤上称取 0.5～0.7g 苯甲酸，用压片机压片。用小刀将压制好的样片没有压紧的部分刮掉，然后在分析天平上准确称量，并记录数据。

(2) 向氧弹量热计中加水。拧开氧弹盖，将氧弹盖放在专用架上，装好专用的石英坩埚，用量筒量取 5mL 纯水放入氧弹量热计中。

(3) 剪取 10cm 引火丝在天平上称量后，用已称量的棉纱将样片与引火丝连接起来，然后将引火丝两端紧缠于两极上，使药片悬在坩埚上方，盖好氧弹盖，并用万用表检查两点火电极是否为通路。

(4) 拧下进气管上的螺钉，连接上导气管的紧固螺栓，导气管的另一端与氧气钢瓶上的减压阀连接。打开钢瓶上的阀门及减压阀充氧，当氧弹量热计中的压力达到 2.0MPa 左右后，关好钢瓶的阀门及减压阀，拧下氧弹量热计上导气管的紧固螺栓，将原来的螺钉装上。充氧后，用万用电表触试氧弹盖上方两电极，检查两电极间是否为通路。若线路不通，则需放出氧气，打开弹盖进行检查。

(5) 用量筒准确量取 2.6L 自来水装入干净的氧弹量热计水夹套的铝制水桶中，水温应较环境温度低 1℃左右。将氧弹放入内桶，插上点火电极的电线，盖好盖板，插入与反应热多功能测试仪相连接的温度传感器。

(6) 打开搅拌开关，进行搅拌，设置每半分钟记录一次温度。待温度基本恒定，长按点火开关三秒，点火。若点火成功，则温度快速上升，记录温度直到温度稳定后再测 5min。若点火未成功，则需要重新压片继续实验。

(7) 测试完毕后，打开量热计盖，取出氧弹，泄去废气。放完气后，拧开弹盖，检查燃烧是否完全。若氧弹量热计内有炭黑或未燃烧的试样，应重新测定。若燃烧完全，则将燃烧后剩下的引火丝在分析天平上称量，并用少量纯水洗涤氧弹内壁，将洗涤液收集在 150mL 锥形瓶中，煮沸片刻，用酚酞作指示剂，以 $0.1000\mathrm{mol\cdot L^{-1}}$ NaOH 滴定。

(8) 称取 0.5～0.7g 萘，按上面相同的方法测定萘的燃烧热。注意，本次测燃烧热时，测试条件应该与测定系统热容时的条件一致。

【数据记录与处理】

1. 实验数据记录（表 3-1-1、表 3-1-2）

表 3-1-1　实验过程中的质量和体积记录表

苯甲酸的质量/g	萘的质量/g	引火丝的质量/g
棉纱的质量/g	NaOH 的浓度/($\mathrm{mol\cdot L^{-1}}$)	剩余引火丝的质量/g
标定溶液的体积/L	初始 NaOH 的体积/L	终态 NaOH 的体积/L

表 3-1-2　实验过程中的温度记录表（每 30s 记录一次数据）

序号	初期温度/℃	主期温度/℃	末期温度/℃
1			
2			
3			
4			
5			
6			
7			
8			
9			
10			
11			
12			
13			
14			
15			
16			
17			
18			
19			
20			

2. 温度差 Δt 的计算

作“温度-时间曲线”，如图 3-1-3 所示。画出初期 AB 和末期 CD 两线段的切线，用虚线外延，然后作一垂线 HM，并和切线的延长线相交于 M、H 两点，使得 BEM 包围的面积等于 CHE 包围的面积。M、H 两点的温度差 Δt 即为体系内部由于燃烧反应放出热量致使体系温度升高的数值。

3. 计算氧弹量热计的热容量和样品的燃烧热

利用苯甲酸燃烧过程的温度-时间数据作图求出与环境无能量交换时的真实温度差 Δt，代入式(3-1-3) 计算出 K；再利用萘燃烧过程的温度-时间数据用经验公式求出 Δt，将 Δt 和

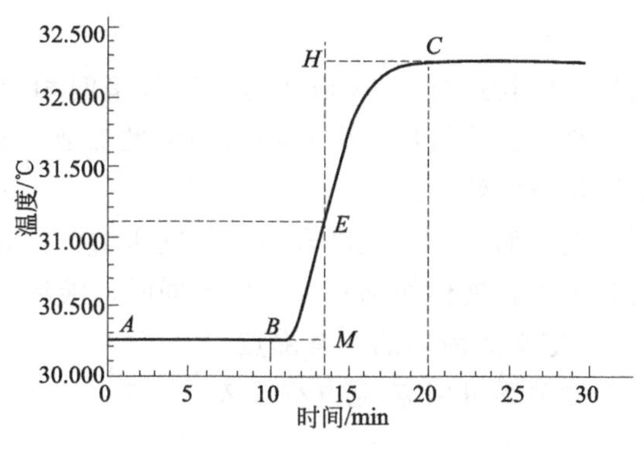

图 3-1-3 温度-时间曲线

前面计算出的 K 值代入式(3-1-3) 可求出萘的燃烧热。

4. 将所测萘的燃烧热值换算为萘的标准摩尔燃烧焓，并与文献值比较，求出相对误差，分析误差产生的原因。

【注意事项】

1. 待测样品需干燥，否则受潮样品不易燃烧且称量有误。

2. 样品在压片的过程中，压得太紧，点火后不易完全燃烧，压得太松，样品容易脱落。

3. 安装量热计时，插入反应热多功能测试仪的温度传感器，注意既不要和氧弹接触，也不要和内筒接触，否则造成测温误差。

4. 点火未成功或样品未充分燃烧，应检查原因并排除。

【思考题】

1. 在本实验装置中哪些是体系？哪些是环境？体系和环境通过哪些途径进行能量交换？如何进行校正？

2. 搅拌过快或过慢有什么影响？实验过程中，氧弹内空气对实验结果的影响应该如何矫正？

3. 在实验过程中如果出现点火失败的情况，其原因可能有哪些？

4. 为什么要测量体系与环境无能量交换时的真实温差？

5. 实验中测定的是固体的燃烧热，那么如何测定高沸点液体和低沸点液体的燃烧热？

实验 2 液体饱和蒸气压的测定

【实验目的】

1. 掌握纯液体饱和蒸气压的定义、气液两相平衡的概念。

2. 掌握静态法测定液体饱和蒸气压的原理及操作方法，学会等压计的使用。

3. 学会用克-克方程式求所测液体在实验温度范围内的平均摩尔汽化热与正常沸点。

【实验原理】

通常温度下（距离临界温度较远时），纯液体与其蒸气呈两相平衡时的蒸气压力称为该温度下液体的饱和蒸气压，简称为蒸气压，它是物质的特性参数。蒸发 1mol 液体所吸收的热量称为该温度下液体的摩尔蒸发焓。

纯液体的蒸气压随温度变化而改变，温度升高，蒸气压增大；温度降低时，则蒸气压减小。当蒸气压与外界压力相等时，液体便沸腾，外压不同时，液体的沸点也不同，通常把外压 101.325kPa 时的沸腾温度定义为液体的正常沸点。

液体饱和蒸气压与温度的关系可用克-克方程式表示：

$$\frac{dp}{dT}=\frac{\Delta_{vap}H_m}{T\Delta_{vap}V_m} \tag{3-2-1}$$

式中　p——液体在温度 T 时的饱和蒸气压，Pa；

$\Delta_{vap}H_m$——液体的摩尔蒸发焓，$J\cdot mol^{-1}$。

在温度变化的范围不大时，$\Delta_{vap}H_m$ 可视为常数，当作平均摩尔蒸发焓。

式(3-2-1) 做不定积分得：

$$\ln p=-\frac{\Delta_{vap}H_m}{RT}+C \tag{3-2-2}$$

式中　C——积分常数，量纲为 1。

由式(3-2-2) 可知，在一定外压时，测定不同温度下的饱和蒸气压，以 $\ln p$ 对 $1/T$ 作图，可得一直线，由直线的斜率可求得实验温度范围内液体的平均摩尔汽化热 $\Delta_{vap}H_m$。当外压为 101.325kPa，液体的蒸气压与外压相等时，可从图中读出其正常沸点。

饱和蒸气压的常用测定方法有以下三类。

(1) 静态法：将待测物质放在一封闭系统中，在不同温度下直接测量液体的蒸气压，该法适用于蒸气压较大的易挥发液体，本实验采用静态法。

(2) 动态法：将待测物质放在一封闭系统中，在不同外压下直接测量液体的沸点，沸点对应的外界压力即液体的饱和蒸气压，该法适用于高沸点液体蒸气压的测定。

(3) 饱和气流法：将已饱和的待测液体的蒸气通入某种惰性气体中，使蒸气被完全吸收，测定所通过的混合气体中待测液体蒸气的含量，根据道尔顿分压定律求出蒸气的分压，即是待测液体在此温度下的饱和蒸气压。

本实验采用静态法测定不同温度下乙酸乙酯的饱和蒸气压，将乙酸乙酯放置在一个密闭的体系中，通过测定在不同外压下液体的沸点，得到其蒸气压与温度间的关系。实验装置如图 3-2-1 所示。

【仪器、试剂及材料】

仪器：DP-AF-Ⅱ饱和蒸气压组合实验仪［南京桑力电子设备厂，含恒温水浴、等压计、压力调节系统（缓冲罐）等］，真空泵，福廷式压力计，烧杯（100mL），胶头滴管等。

试剂：乙酸乙酯（A.R.）。

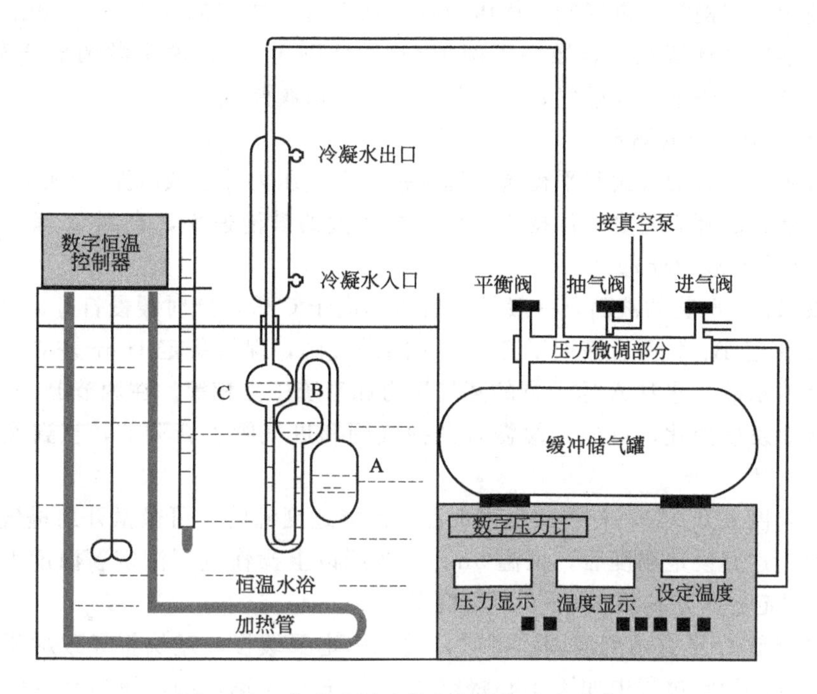

图 3-2-1 静态法测液体饱和蒸气压实验装置

材料：乳胶管。

【安全须知和废弃物处理】

1. 实验室中需穿戴普通棉纱实验服、防护目镜或面罩。

2. 取用乙酸乙酯时需戴丁腈橡胶手套，若发生沾染，及时用水冲洗沾染部位 10min 以上。

3. 正确操作压力调节系统、真空泵，注意防止触电和水溢出。

4. 存在有机废液，倒入固定的废液回收桶。

【实验步骤】

1. 安装仪器及装样

按图 3-2-1 连接好仪器，用胶头滴管将乙酸乙酯从冷凝管的上端接口处注入，使 A 球中装有 2/3 体积的液体，U 形管两端 B、C 管也盛装约 2/3 左右的液体做封闭液，接通冷凝水，调节玻璃恒温水浴的温度为 25℃，注意等压计要完全浸没。从福廷式压力计读出 p(大气)，实验前后各读取一次并取平均值。

2. 压力计“采零”

打开压力调节系统电源预热 2min，打开进气阀通入大气，同时打开平衡阀和抽气阀(三阀均为顺时针旋转关闭，逆时针旋转开启)，按数字压力计“采零”键，使读数显示“0.00kPa”，该压力计显示的压力值为表压，系统压力＝大气压力＋表压。

3. 检查系统的气密性

将进气阀关闭，启动真空泵，保证抽气阀和平衡阀开启，系统开始抽气，压力减至－80kPa 左右，关闭抽气阀和真空泵。观察数字压力计读数，若显示示数无上升（小于 $0.01kPa \cdot s^{-1}$），说明该系统的气密性良好，否则需对各接口进行检查，查找原因并清除漏气。

关闭平衡阀，缓慢打开进气阀，使压力计读数上升为之前的50%（−40kPa左右），关闭进气阀，观察压力计读数，若数字下降值<$0.01kPa \cdot s^{-1}$，说明微调部分密封性良好。若显示值有上升，说明进气阀漏气；若下降，说明平衡阀漏气。

4. 液体饱和蒸气压的测定

关闭进气阀，开启抽气阀和平衡阀，继续抽真空，压力计示数减至−80kPa时，关闭抽气阀，注意平衡阀的开启程度，保持1～2s一个气泡的鼓泡速率，直到A球中的液体沸腾3～5min（以连续鼓泡为准）。

这时观察B、C两管的液面，一般是B管液面高于C管，此时缓慢打开进气阀，系统进入空气，当U形管B、C两管液面平齐时，关闭进气阀，保持稳定1min左右，记录此时的温度和压力计的示数，这时A球上方的蒸气压力和系统压力相等。在调节B、C两管液面的过程中，若液面发生变化，可通过缓慢打开抽气阀和进气阀重新调节，直到液柱不再变化为止。

调节水浴温度上升3℃，若在此过程中乙酸乙酯过度沸腾，可微微开启进气阀压制，使其不产生气泡，达到设定温度后，恒温5min，按照以上操作重复测定新温度下的饱和蒸气压。每隔3℃测定一次，共测定5～8个温度点。

注意：在调节U形管两侧液面水平时，进气一定要缓慢，过快将导致封闭液被压入A球而使实验失败。测定过程中如不小心将空气倒灌进入A球，则需重新抽真空后才能继续测定。

5. 实验结束

抽气阀保持关闭，平衡阀开启，缓慢打开进气阀，使被测系统泄压至零，依次关闭真空泵、冷凝水、恒温水浴和压力调节系统。

【数据记录与处理】

1. 实验数据记录

室温：______℃；实验开始时大气压：______kPa；实验结束时大气压：______kPa。

将温度、压力数据列于表3-2-1，计算出不同温度下的饱和蒸气压 $p=p_{大气}+p_{表压}$。

表3-2-1　乙酸乙酯的饱和蒸气压测定实验数据

编号	温度		压力表示数	乙酸乙酯的饱和蒸气压	
	t/℃	T/K	$p_{表压}$/kPa	p/Pa	$\ln p$
1					
2					
3					
4					
5					

2. 用 $\ln p$ 对 $1/T$ 作图，计算乙酸乙酯的摩尔蒸发焓 $\Delta_{vap}H_m$，并从图中求得正常沸点。

【注意事项】

1. 等压计必须浸没在恒温水浴的液面以下，以防待测液与水浴温度不同。

2. 在关闭真空泵之前，一定要先将系统排空，然后关闭真空泵，防止真空泵中的水倒灌入缓冲储气罐。

3. 抽气速度不宜过快，防止液封的液体被抽干。

【思考题】

1. 饱和蒸气压、正常沸点的含义是什么？
2. 蒸发焓与温度有无关系？
3. 盛样小球中的空气没有排尽对实验结果有没有影响？如何影响？
4. 简述气密性检查的原理和方法。
5. 实验过程中，如何保证达到两相平衡？

实验 3 氨基甲酸铵分解平衡常数的测定

【实验目的】

1. 学习低真空技术。
2. 掌握静态法测定平衡压力的方法，测定氨基甲酸铵的分解平衡压力。
3. 掌握氨基甲酸铵分解反应平衡常数的计算及其热力学函数间的关系。

【实验原理】

氨基甲酸铵是合成尿素的中间产物，为白色固体，很不稳定，加热易分解，在一定温度下其分解反应可用下式表示：

$$NH_2COONH_4(s) \rightleftharpoons 2NH_3(g) + CO_2(g) \tag{3-3-1}$$

该反应为复相反应，在封闭体系中容易达到平衡。在实验条件下，可把气体看成理想气体，压力对固相的影响忽略不计，因此上式的标准平衡常数可表示为：

$$K^{\ominus} = \left[\frac{p(NH_3)}{p^{\ominus}}\right]^2 \left[\frac{p(CO_2)}{p^{\ominus}}\right] \tag{3-3-2}$$

式中 $p(NH_3)$——该温度下 NH_3 的平衡分压，kPa；

$p(CO_2)$——该温度下 CO_2 的平衡分压，kPa；

$p^{\ominus}$——为标准压力，kPa。

平衡系统的总压 p 为 $p(NH_3)$ 和 $p(CO_2)$ 之和，从上述反应式可知：

$$p(NH_3) = \frac{2}{3}p \tag{3-3-3}$$

$$p(CO_2) = \frac{1}{3}p \tag{3-3-4}$$

将式(3-3-3) 和式(3-3-4) 代入式(3-3-2)，整理可得：

$$K^{\ominus} = \frac{4}{27}\left(\frac{p}{p^{\ominus}}\right)^3 \tag{3-3-5}$$

因此，当系统达到平衡后，测其总压，即可计算压力平衡常数，当温度变化不大时，测得不同温度下的 $K^{\ominus}$，可按下式：

$$\ln K^{\ominus} = -\frac{\Delta_r H_m^{\ominus}}{RT} + C = -\frac{A}{T} + C \tag{3-3-6}$$

以 $\ln K^{\ominus}$ 对 $1/T$ 作图，得一直线，求得 $\Delta_r H_m^{\ominus} = RA$，即可求得反应标准吉布斯函数变 $\Delta_r G_m^{\ominus}$ 及标准熵变 $\Delta_r S_m^{\ominus}$。

$$\Delta_r G_m^\ominus = -RT\ln K^\ominus \tag{3-3-7}$$

$$\Delta_r S_m^\ominus = \frac{\Delta_r H_m^\ominus - \Delta_r G_m^\ominus}{T} \tag{3-3-8}$$

因此通过测定一定温度范围内某温度的氨基甲酸铵的分解压（平衡总压），就可以利用上述公式分别求出 $K^\ominus$、$\Delta_r H_m^\ominus$、$\Delta_r G_m^\ominus$、$\Delta_r S_m^\ominus$。

蒸气压的测定方法有三类，详见液体饱和蒸气压的测定实验。本实验采用静态法，通过测定在某温度下的分解压力，得到标准平衡常数与压力之间的关系。

【仪器、试剂及材料】

仪器：DP-AF-Ⅱ饱和蒸气压组合实验仪（同实验 2　液体饱和蒸气压的测定），真空泵，福廷式压力计，烧杯（100mL），胶头滴管等。

试剂：氨基甲酸铵（A. R），硅油。

材料：乳胶管。

【安全须知和废弃物处理】

1. 实验室中需穿戴普通棉纱实验服、防护目镜或面罩。

2. 氨基甲酸铵固体粉末对黏膜、眼睛和皮肤有刺激作用，能引起呼吸道和皮肤过敏反应，在使用时需戴丁腈橡胶手套和实验口罩。

3. 若发生皮肤沾染，及时用水冲洗沾染部位 10min 以上；若发生眼睛接触，应提起眼睑，用洗眼器冲洗，然后就医。

4. 正确操作压力调节系统、真空泵，注意防止触电和水溢出。

【实验步骤】

1. 安装仪器及装样（使用方法参照实验 2　液体饱和蒸气压的测定）

按图 3-3-1 连接好仪器，用胶头滴管将氨基甲酸铵从冷凝管的上端接口处加入，使 A 球

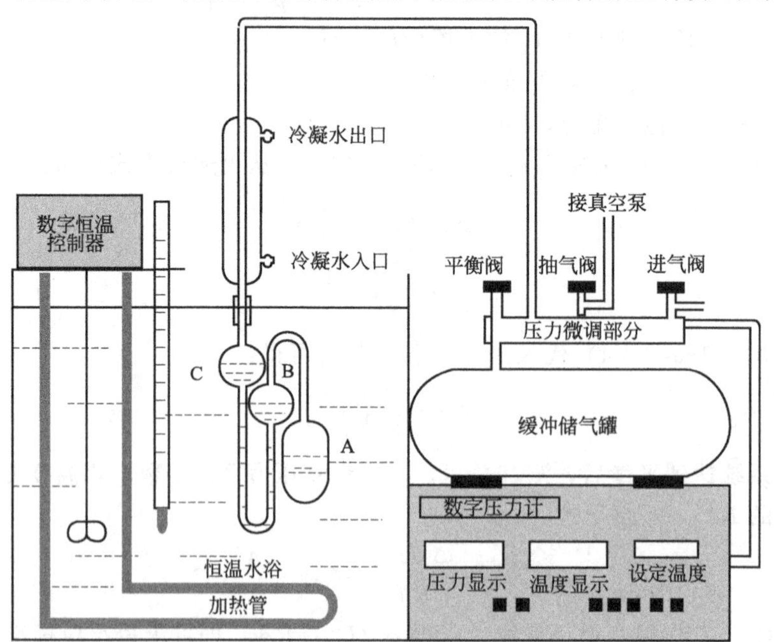

图 3-3-1　静态法测液体饱和蒸气压实验装置

中装有 2/3 体积的氨基甲酸铵，U 形管两端 B、C 管也盛装约 2/3 左右的硅油作封闭液，接通冷凝水，调节玻璃恒温水浴的温度为 20℃，注意等压计要完全浸没。从福廷式压力计读出 p（大气），实验前后各读取一次并取平均值。

2. 压力计“采零”

打开压力调节系统电源预热 2min，打开进气阀通入大气，同时打开平衡阀和抽气阀（三阀均为顺时针旋转关闭，逆时针旋转开启），按数字压力计“采零”键，使读数显示“0.00kPa”，该压力计显示的压力值为表压，系统压力=大气压力+表压。

3. 检查系统的气密性

将进气阀关闭，启动真空泵，保证抽气阀和平衡阀开启，系统开始抽气，压力减至 −80kPa 左右，关闭抽气阀和真空泵。观察数字压力计读数，若显示示数无上升（小于 $0.01kPa \cdot s^{-1}$），说明该系统的气密性良好，否则需对各接口进行检查，查找并清除漏气原因。

关闭平衡阀，缓慢打开进气阀，使压力计读数上升为之前的 50%（−40kPa 左右），关闭进气阀，观察压力计读数，若数字下降值 $<0.01kPa \cdot s^{-1}$，说明微调部分密封性良好。若显示值有上升，说明进气阀漏气；若下降，说明平衡阀漏气。

4. 氨基甲酸铵的分解压的测定

关闭进气阀，开启抽气阀和平衡阀，继续抽真空，压力计示数减至 −80kPa 时，关闭抽气阀，这时观察 B、C 两管的硅油液面，此时缓慢打开进气阀，系统进入空气，当 U 形管 B、C 两管液面平齐时，关闭进气阀，保持稳定 1min 左右，记录此时的温度和压力计的示数。

调高恒温水浴温度，分别测定 20℃、25℃、30℃、35℃、40℃和 45℃六个温度下的平衡压力。

5. 实验结束

抽气阀保持关闭，平衡阀开启，缓慢打开进气阀，使被测系统泄压至零，依次关闭真空泵、冷凝水、恒温水浴和压力调节系统。

【数据记录与处理】

1. 实验数据记录

表 3-3-1 氨基甲酸铵的分解温度和分解压力

编号	温度		分解压力			平衡常数	$\ln K^{\ominus}$
	t/℃	T/K	表压/kPa	Δp/kPa	p/kPa	$K^{\ominus}$	
1							
2							
3							
4							
5							
6							

2. 利用公式计算不同温度下氨基甲酸铵分解反应平衡常数，给出计算过程，并将结果填入表 3-3-1。

3. 以 $\ln K^{\ominus}$ 对 $1/T$ 作图，得一直线，根据直线的斜率求出 $\Delta_r H_m^{\ominus}$。

4. 用式(3-3-7)、式(3-3-8) 计算反应标准摩尔吉布斯函数熵变 $\Delta_r S_m^{\ominus}$。

【注意事项】

1. 测定过程中和实验完毕以后，打开进气阀一定要缓慢，防止真空水泵中的水倒灌入缓冲罐。

2. 测定完第一个温度的压力后，不用重新抽真空，继续升高温度到待测温度，放入空气调节硅油面平衡后读数即可。

3. 残留在设备上的氨基甲酸铵的分解产物，能相互反应形成氨基甲酸铵，在环境温度较低时，会黏附在设备内壁上。因此，在测量结束后要进行净化处理，将设备再次反复抽气。

【思考题】

1. 什么叫分解压力？怎样测定氨基甲酸铵的分解压力？
2. 为什么要抽净小球泡中的空气？若系统中有少量空气，对实验结果有何影响？
3. 如何判断氨基甲酸铵分解已达平衡？
4. 根据哪些原则选用等压计中的密封液？

实验 4　凝固点降低法测定摩尔质量

【实验目的】

1. 测定环己烷凝固点降低值并计算萘的摩尔质量。
2. 加深对稀溶液依数性的理解。
3. 掌握凝固点降低装置的使用。

【实验原理】

1. 凝固点降低摩尔质量的原理

测定物质的摩尔质量有许多方法，其中凝固点降低法是相对简单而且比较准确的一种，在溶液理论研究和实际应用方面都具有重要的意义。

凝固点是在一定的压力下，固体溶剂与溶液成平衡时的温度点，当稀溶液凝固析出纯固体溶剂时，则溶液的凝固点低于纯溶剂的凝固点，其降低值与溶液的质量摩尔浓度成正比。凝固点降低是依数性的一种表现。

$$\Delta T_f = T_f^* - T_f = K_f b_B \tag{3-4-1}$$

式中　ΔT_f——凝固点降低值，K；

T_f^*——纯溶剂的凝固点，K；

T_f——稀溶液的凝固点，K；

b_B——溶液的质量摩尔浓度，mol·kg^{-1}；

K_f——凝固点降低常数，K·kg·mol^{-1}，它只与所用溶剂的性质有关（表 3-4-1）。

表 3-4-1　几种溶剂的凝固点降低常数

溶剂	水	乙酸	苯	环己烷	环己醇	萘	三溴甲烷
T_f^*/K	273.15	289.75	278.65	279.65	297.05	383.5	280.95
K_f/(K·kg·mol^{-1})	1.86	3.90	5.12	20	39.3	6.9	14.4

如果稀溶液是由质量为 m_B 的溶质溶于质量为 m_A 的溶剂中而构成，设 M_B 为溶质的摩尔质量，则：

$$M_B=\frac{K_f m_B}{\Delta T_f m_A} \tag{3-4-2}$$

若已知某溶剂的凝固点降低常数 K_f 值，可计算溶质的分子量 M_B。

2. 凝固点测量原理（过冷法）

本实验要测定溶液的凝固点降低值 ΔT_f，将已知溶液逐渐冷却、结晶，但是实际溶液冷却到凝固点后，并不析出晶体，成为过冷溶液。然后通过搅拌或加入晶种促使溶剂结晶，当晶体生成时，释放出凝固热补偿热损失，使该体系温度回升，当放热和散热达到平衡时，温度不再改变，此时固液两相共存的平衡温度点即为溶液的凝固点。

图 3-4-1 是冷却曲线的几种形态，其中曲线（a）是纯溶剂的理想冷却曲线，将纯溶剂无限缓慢冷却，温度达到 T_f^* 时开始析出晶体，在结晶过程中温度不再变化，曲线上出现一段平台，对应的温度为凝固点。曲线（b）是溶液的理想冷却曲线，相对于曲线（a），温度要降到 T_f 溶液才开始析出固体，此时 $T_f<T_f^*$，随着溶剂固体的析出，溶液的凝固点随着溶液浓度的增大而不断下降，形成一段斜率变缓的斜线，两条不同斜率直线相交的对应温度点即为 T_f。曲线（c）是实验条件下纯溶剂的步冷曲线，因在实际实验的过程中，无法做到无限缓慢地冷却，而是较快强制冷却，在温度降到 T_f^* 时，不会凝固，出现过冷现象，当固相出现，温度又回升并且出现平台。曲线（d）是实验条件下的溶液冷却曲线，溶液在冷却过程中，也出现过冷现象，在这种情况下，将温度回升的最高值外推至与液相段相交点

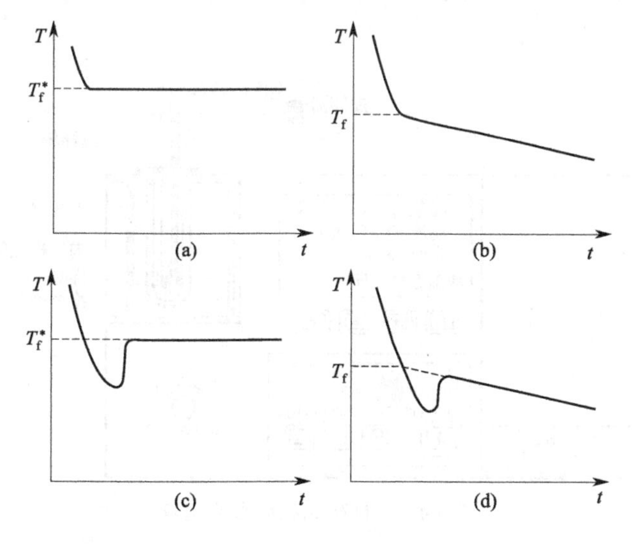

图 3-4-1　几种典型的冷却曲线及凝固点确定方法

温度作为溶液的凝固点 T_f。

从相律看，溶剂与溶液的冷却曲线形状不同。对纯溶剂，固-液两相共存时，自由度 $f=1-2+1=0$，冷却曲线出现水平线段，其形状如图 3-4-1 曲线（a）所示。对溶液，固-液两相共存时，自由度 $f=2-2+1=1$，温度仍可下降，但由于溶剂凝固时放出凝固热，使温度回升，回升到最高点又开始下降，所以冷却曲线不出现水平线段，此时应按曲线（d）所示方法外推。

【仪器、试剂及材料】

仪器：自冷式凝固点测定仪（西南石油大学自研自制），分析天平，烧杯（100mL、1000mL），移液管（25mL）。

试剂：萘（A. R.），环己烷（A. R.），乙二醇（A. R.）。

材料：乳胶管，洗耳球。

【安全须知和废弃物处理】

1. 实验室中需穿戴普通棉纱实验服、防护目镜或面罩。
2. 取用固体样品、有机溶液时需戴丁腈橡胶手套，若发生皮肤沾染，及时用水冲洗沾染部位 10min 以上。
3. 正确使用凝固点测定仪，注意防止触电和循环水溢出。
4. 轻拿轻放移液管等，不得用嘴吸移液管，防止玻璃器皿破损划伤。
5. 固体废渣、碎屑和有机废液，分类倒入固定的固体废弃物桶和废液回收桶。

【实验步骤】

（1）准备实验装置。如图 3-4-2 所示是自冷式凝固点测定仪，该装置分为制冷系统和测定系统两部分，测定系统的冷浴槽中的冷剂循环到制冷系统制冷，再循环到冷浴槽中，冷浴槽中的冷却液应加至 2/3 处。样品测量部分由内外两层玻璃套管构成，样品放入内层玻璃套管中，双层玻璃管之间的空气层能保证样品的冷却速度不致过快。样品管中放置螺旋形不锈钢搅拌器，上下运动，有效翻动溶液样品，从而防止结晶在管壁大量析出，温度传感器的测量精度为 0.01℃。

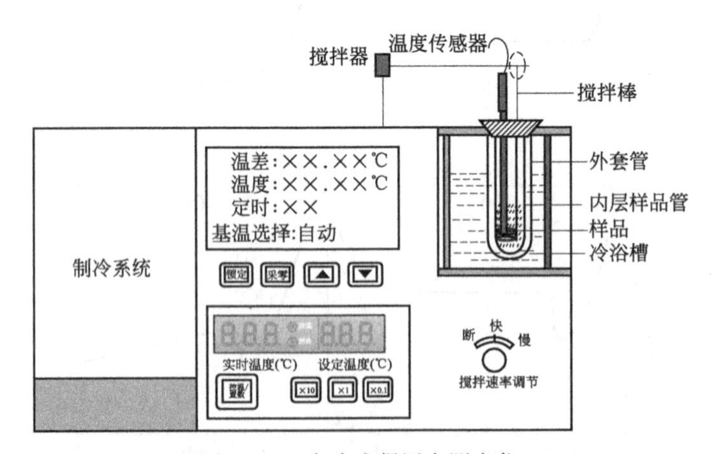

图 3-4-2　自冷式凝固点测定仪

（2）开机，打开制冷系统、测定系统电源开关，设定冷浴槽所需控制的温度为“－2℃”

左右，温度不要过低，确保水泵开关打开，使冷剂循环。

(3) 准确移取25mL环己烷加入干燥洁净的内层样品管内，然后将样品管盖（含搅拌棒）塞入样品管中，注意温度传感器应插入与样品管管壁平行的中心位置，插入深度至样品管底部，传感器应置于搅拌棒底部圆环内，然后将样品管插入测定口。最后连接好搅拌器的横连杆插入搅拌棒的挂钩内，适当拧紧紧固螺帽，将搅拌速率调节至“慢”挡。

(4) 初测样品的凝固点。当冷浴槽的温度达到2℃时，开始观察实时温度显示值，其值应该先下降至过冷温度，然后急剧升高，同时观察套管内是否有结晶，记下当前最低温度值，此为环己烷的近似凝固点。

(5) 精测样品的凝固点。取出样品管，手动搅拌样品，并用手捂热融化，使样品自然升温熔化，注意不要将温度传感器从样品管拔出。将样品管放入测定口并连接好搅拌器将搅拌置于“慢”挡，当温度降至近似凝固点以上2℃时，开启“定时”功能，调节“▲”“▼”设置时间，每隔30s记录一次实时温度。当样品温度持续下降至近似凝固点以下0.20℃时，调节快速搅拌，温度会先下降再上升，然后温度值稳定不变，此即为环己烷的凝固点温度，该过程持续记录5～10个数据。

(6) 溶液凝固点的测定。取出样品管，用手心捂热，使管内的冰晶完全融化，称量0.3g左右的萘，溶解于25mL初测的环己烷中配制成溶液，按步骤(4)初测溶液近似凝固点，再按步骤(5)重复实验，记录待测溶液的温度-时间曲线，注意与纯溶剂相比较，溶液的凝固点不会稳定，温度回升后会迅速下降，再次下降后记录5～10个数据。

(7) 实验完毕，关闭电源，取出样品管，用手捂热，使管内的固体完全融化，溶液倒入废液回收桶。清洗样品管、搅拌棒和温度传感器。

【数据记录与处理】

1. 实验数据记录（表3-4-2）

表3-4-2 实验过程中纯溶剂和溶液的温度数据记录表

t/min	0.5	1	1.5	2	2.5	3	3.5	4	4.5	5	5.5	6	6.5
纯溶剂 T_f^*/K													
溶液 T_f/K													
t/min	7	7.5	8	8.5	9	9.5	10	10.5	11	11.5	12	12.5	13
纯溶剂 T_f^*/K													
溶液 T_f/K													

作温度-时间关系图，分别得出环己烷和溶液的凝固点。

$$T_f^* = \_\_\_\_\_\_\text{K}; T_f = \_\_\_\_\_\_\text{K}; \Delta T_f = \_\_\_\_\_\_\text{K}。$$

2. 根据所得数据，计算萘的摩尔质量，并计算相对误差。

萘的摩尔质量 $M_B = 128.17\text{g} \cdot \text{mol}^{-1}$（理论值）

【注意事项】

1. 实验用的样品管必须洁净、干燥，测温探头保持干燥。

2. 实验过程中一般用慢挡搅拌，只有在过冷时、晶体大量析出时采用快挡搅拌，以促使体系快速达到热平衡。

3. 冷却液温度应低于溶液凝固点3℃为佳。考虑到冷却液循环中的热效应，一般制冷系统温度设置为低于凝固点4～5℃。

4. 由于慢速搅拌时，阻力较大，不容易启动，所以先拨到快挡搅拌，启动后再拨到慢挡搅拌。

【思考题】

1. 为了提高实验的准确度是否可以用增加溶质浓度的方法增加 ΔT_f 值？

2. 实验中所配溶液浓度太大或者太小会使实验结果产生误差吗？为什么？

3. 测凝固点时，纯溶剂温度回升后有一恒定阶段，而溶液则没有，为什么？

实验 5　溶解热的测定

【实验目的】

1. 掌握电热补偿法测定热效应的基本原理。

2. 用电热补偿法测定 KNO_3 在不同浓度水溶液中的积分溶解热。

3. 用作图法求 KNO_3 在水中的微分冲淡热、积分冲淡热和微分溶解热。

【实验原理】

在热化学中，关于溶解过程的热效应，主要有以下几种。

溶解热是指在恒温恒压下，$n_2$mol 溶质溶于 $n_1$mol 溶剂（或溶于某浓度的溶液）中产生的热效应，用 Q 表示，溶解热可分为积分（或称变浓）溶解热和微分（或称定浓）溶解热。

积分溶解热是指在恒温恒压下，1mol 溶质溶于 $n_0$mol 溶剂中产生的热效应，用 Q_s 表示。

微分溶解热是指在恒温恒压下，1mol 溶质溶于某一确定浓度的无限量的溶液中产生的热效应，以 $\left(\frac{\partial Q}{\partial n_2}\right)_{T,p,n_1}$ 表示，简写为 $\left(\frac{\partial Q}{\partial n_2}\right)_{n_1}$。

冲淡热是指在恒温恒压下 1mol 溶剂加到某浓度的溶液中使之冲淡所产生的热效应。冲淡热也可分为积分（或变浓）冲淡热和微分（或定浓）冲淡热两种。

积分冲淡热是指在恒温恒压下，把原含 1mol 溶质及 $n_1$mol 溶剂的溶液冲淡到含溶剂为 $n_2$mol 时的热效应，即为某两浓度溶液的积分溶解热之差，以 Q_d 表示。

微分冲淡热是指在恒温恒压下，1mol 溶剂加入某一确定浓度的无限量的溶液中产生的热效应，以 $\left(\frac{\partial Q}{\partial n_1}\right)_{T,p,n_2}$ 表示，简写为 $\left(\frac{\partial Q}{\partial n_1}\right)_{n_2}$。

积分溶解热 Q_s 可由实验直接测定，其他三种热效应则通过 Q_s-n_0 曲线求得。

设纯溶剂和纯溶质的摩尔焓分别为 $H_m(1)$ 和 $H_m(2)$，当溶质溶解于溶剂变成溶液后，在溶液中溶剂和溶质的偏摩尔焓分别为 $H_{1,m}$ 和 $H_{2,m}$，对于由 n_1 mol 溶剂和 n_2 mol 溶质组成的系统，在溶解前系统总焓为 H。

$$H=n_1H_m(1)+n_2H_m(2) \tag{3-5-1}$$

设溶液的焓为 H'，则：

$$H'=n_1H_{1,m}+n_2H_{2,m} \tag{3-5-2}$$

因此溶解过程热效应 Q 为：

$$Q=\Delta_{mix}H=H'-H=n_1[H_{1,m}-H_m(1)]+n_2[H_{2,m}-H_m(2)]$$
$$=n_1\Delta_{mix}H_m(1)+n_2\Delta_{mix}H_m(2) \tag{3-5-3}$$

式中 $\Delta_{mix}H_m(1)$——微分冲淡热；

$\Delta_{mix}H_m(2)$——微分溶解热。

根据上述定义，积分溶解热 Q_s 为：

$$Q_s=\frac{Q}{n_2}=\frac{\Delta_{mix}H}{n_2}=\Delta_{mix}H_m(2)+\frac{n_1}{n_2}\Delta_{mix}H_m(1)=\Delta_{mix}H_m(2)+n_0\Delta_{mix}H_m(1) \tag{3-5-4}$$

在恒压条件下 $Q=\Delta_{mix}H$，对 Q 进行全微分得：

$$dQ=\left(\frac{\partial Q}{\partial n_1}\right)_{n_2}d_{n_1}+\left(\frac{\partial Q}{\partial n_2}\right)_{n_1}d_{n_2} \tag{3-5-5}$$

上式在比值$\frac{n_1}{n_2}$恒定下积分，得：

$$Q=\left(\frac{\partial Q}{\partial n_1}\right)_{n_2}n_1+\left(\frac{\partial Q}{\partial n_2}\right)_{n_1}n_2 \tag{3-5-6}$$

上式同时除之 n_2，得：

$$\frac{Q}{n_2}=\left(\frac{\partial Q}{\partial n_1}\right)_{n_2}\frac{n_1}{n_2}+\left(\frac{\partial Q}{\partial n_2}\right)_{n_1} \tag{3-5-7}$$

因

$$Q_s=\frac{Q}{n_2},\frac{n_1}{n_2}=n_0 \tag{3-5-8}$$

$$\left(\frac{\partial Q}{\partial n_1}\right)_{n_2}=\left[\frac{\partial(n_2Q_s)}{\partial(n_2n_0)}\right]_{n_2}=\left(\frac{\partial Q}{\partial n_0}\right)_{n_2} \tag{3-5-9}$$

将式(3-5-8)、式(3-5-9) 代入式(3-5-7) 得：

$$Q_s=\left(\frac{\partial Q}{\partial n_2}\right)_{n_1}+n_0\left(\frac{\partial Q_s}{\partial n_0}\right)_{n_2} \tag{3-5-10}$$

对比式(3-5-3) 与式(3-5-6) 或式(3-5-4) 与式(3-5-10) 得：

$$\Delta_{mix}H_m(1)=\left(\frac{\partial Q}{\partial n_1}\right)_{n_2} \qquad 或:\Delta_{mix}H_m(1)=\left(\frac{\partial Q}{\partial n_0}\right)_{n_2}$$

$$\Delta_{mix}H_m(2)=\left(\frac{\partial Q}{\partial n_2}\right)_{n_1}$$

以 Q_s 对 n_0 作图，可得图 3-5-1 的曲线，在图 3-5-1 中，AQ 与 BP 分别为将 1mol 溶质溶于 n_{01} mol 和 n_{02} mol 溶剂时的积分溶解热 Q_s，BE 表示在含有 1mol 溶质的溶液中加入溶剂，使溶剂量由 n_{01} mol 增加到 n_{02} mol 过程的积分冲淡热 Q_d。

$$Q_d=Q_sn_{02}-Q_sn_{01}=AQ-EQ \tag{3-5-11}$$

图 3-5-1 中曲线 A 点的切线斜率等于该浓度溶液的微分冲淡热。

$$\Delta_{mix}H_m(1)=\left(\frac{\partial Q_s}{\partial n_0}\right)_{n_2} \tag{3-5-12}$$

切线在纵轴上的截距等于该浓度的微分溶解热。

$$\Delta_{mix}H_m(2)=\left(\frac{\partial Q}{\partial n_2}\right)_{n_1}=\left[\frac{\partial(n_2Q_s)}{\partial n_2}\right]_{n_1}=Q_s-n_0\left(\frac{\partial Q_s}{\partial n_0}\right)_{n_2} \tag{3-5-13}$$

由图 3-5-1 可见，欲求溶解过程的各种热效应，首先要测定各种浓度下的积分溶解热，然后作图计算。

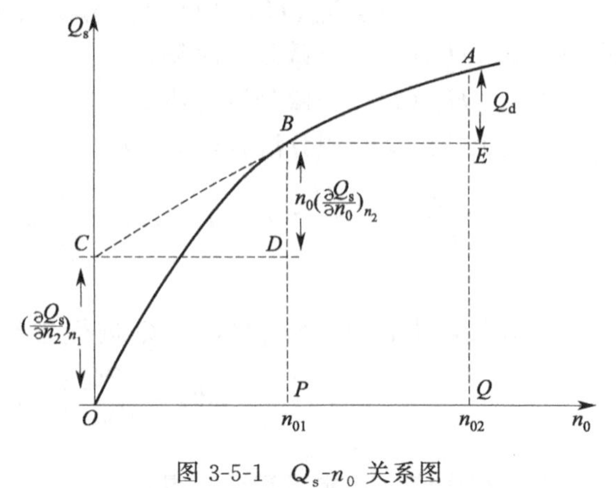

图 3-5-1　Q_s-n_0 关系图

测量热效应是在量热计中进行的。量热计的类型很多，分类方法也不统一，按传热介质分有固体和液体量热计，按工作温度的范围分有高温和低温量热计。一般可分为两类：一类是等温量热计，其本身温度在量热过程中始终不变，所测得的量为体积的变化，如冰量热计等；另一类是经常采用的测温量热计，它本身的温度在量热过程中会改变，通过测量温度的变化进行量热，这种量热计又可以分为外壳等温和绝热式。本实验是采用绝热式测温量热计（图 3-5-2），它是一个包括量热器、搅拌器、电加热器和温度计等的量热系统，量热器为直径 8cm、容量 350mL 的杜瓦瓶，并加盖以减少辐射、传导、对流、蒸发等热交换。电加热器是将直径为 0.1mm、电阻约为 10Ω 的镍铬丝，装在盛有油介质的硬质薄玻璃管中，玻璃管弯成环形，加热电流一般控制在 300～500mA。使用电动搅拌器使溶液混合均匀。用精密数字温差仪测量温度变化。在绝热容器中测定热效应的方法有以下两种。

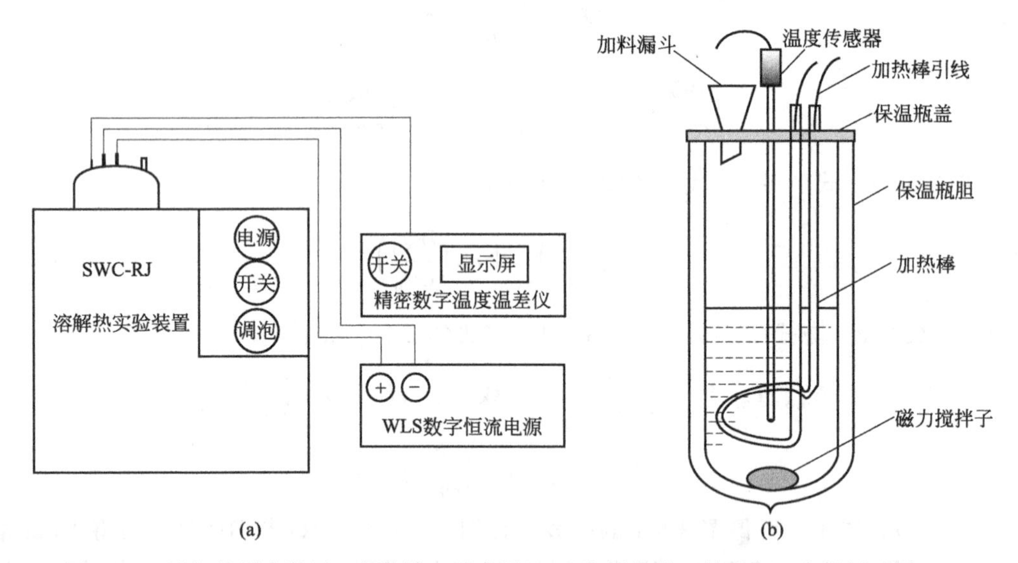

图 3-5-2　溶解热测定装置（量热计）示意图（a）和量热器（杜瓦瓶）内部剖面图（b）

（1）先测定量热系统的热容量 C，再根据反应过程中温度变化 ΔT 与 C 之乘积求出热效应（此法一般用于放热反应）。

（2）先测定系统的起始温度 T，溶解过程中体系温度随吸热反应进行而降低，再用电加热法使系统升温至起始温度，根据所消耗电能求出热效应 Q。

$$Q=I^2Rt=IUt \tag{3-5-14}$$

式中　I——通过电阻为 R 的电热器的电流强度，A；

　　U——电阻丝两端所加电压，V；

　　t——通电时间，s。

该方法称为电热补偿法，本实验将利用电加热补偿法测定 KNO_3 在水中溶解过程的积分溶解热，对于溶液中的吸热反应，电加热补偿法是一种非常方便实用的实验测量技术。在此基础上，通过图解法求出其他三种热效应。

【仪器、试剂及材料】

仪器：量热器（杜瓦瓶），SWC-RJ 溶解热实验装置，直流稳压电源（5A，0～30V），WLS 精密数字温差仪（南京桑力电子设备厂），秒表，分析天平，台秤，研钵，干燥器，小漏斗，称量瓶，玻璃棒。

试剂：KNO_3（A. R.），纯水。

材料：梭形搅拌子，小毛刷。

【安全须知和废弃物处理】

1. 实验室中需穿戴普通棉纱实验服、防护目镜或面罩。

2. 硝酸盐属于 2A 类可能导致人类癌症的物质，操作时需戴丁腈橡胶手套，小心操作，不要洒漏，若发生皮肤沾染，用水冲洗沾染部位 10min 以上。

3. 正确使用溶解热实验装置、直流电源和温差仪，注意防止触电，杜瓦瓶易碎，请轻拿轻放。

4. 使用过的硝酸钾溶液应倒入固定的废液回收桶，样品碎屑和残渣放入固定的废弃物回收桶。

【实验步骤】

（1）稳压电源使用前在空载条件下先通电预热 15min。

（2）将 8 个秤量瓶编号，依次加入在研钵中研细的 KNO_3，其质量分别为 2.5g、1.5g、2.5g、2.5g、3.5g、4g、4g 和 4.5g，放入烘箱，在 110℃烘 1.5～2h，取出放入干燥器中(在实验课前进行)。

（3）用分析天平准确称量上面 8 个盛有 KNO_3 的称量瓶，称量后将称量瓶放回干燥器中待用。

（4）在台称上用杜瓦瓶直接称取 200.0g 纯水，放入搅拌子，拧紧瓶盖，将杜瓦瓶置于搅拌器固定架上，连好线路。

（5）检查无误后接通电源，调节稳压电源，使加热器功率约为 2.5W，保持电流稳定，当水温慢慢上升到比室温水高出 1.5℃时读取准确温度，按下秒表开始计时，同时从加样口加入第一份样品，并将残留在漏斗上的少量 KNO_3 全部倾入杜瓦瓶中，然后用塞子堵住加样口。记录电压和电流值，在实验过程中要一直搅拌液体，加入 KNO_3 后，温度会很快下降，然后再慢慢上升，待上升至起始温度点时，记下时间（读准至秒，注意此时切勿把秒表按停），并立即加入第二份样品，按上述步骤继续测定，直至 8 份样品全部加完为止。

（6）测定完毕后，切断电源，打开量热计，检查 KNO_3 是否完全溶解，如未全溶，则必须重复上述操作；如溶解完全，可将溶液倒入回收瓶中，把量热器等器皿洗净放回原处。

(7) 用分析天平称量已倒出 KNO_3 样品的空称量瓶，求出各次加入 KNO_3 的准确质量。

【数据记录与处理】

1. 实验数据记录

实验室温度________℃；加热电流 $I=$________mA；加热电压 $U=$________mV；加热电阻 $R=$________Ω；溶剂体积 $V_a=$________mL，溶剂初始温度 $T_0=$________℃。

T_0 下，水的密度________$g \cdot cm^{-3}$，水的摩尔质量 $M=18.015g \cdot mol^{-1}$。

2. 根据溶剂的质量和加入溶质的质量，求算溶液的浓度，以 n_0 表示。

$$n_0=\frac{n_{H_2O}}{n_{KNO_3}}=\frac{200.0}{18.02}\div\frac{m_{累}}{101.1}=\frac{1122}{m_{累}}$$

3. 按公式 $Q=IUt$ 计算各次溶解过程的热效应。

4. 按每次累积的浓度和累积的热量，求各浓度下溶液的 n_0 和 Q_s。

5. 将数据列于表 3-5-1 中并作 Q_s-n_0 图，并从图中求出 $n_0=80$、100、200、300 和 400 处的积分溶解热和微分冲淡热，以及 n_0 从 80→100，100→200，200→300，300→400 的积分冲淡热。

表 3-5-1 KNO_3 加量等物理量记录表

测定次数	每次加 KNO_3 的质量/g	累加 KNO_3 的质量/g	通电时间 /s	溶解热 $Q/(kJ \cdot mol^{-1})$	积分溶解热 $Q_s/(kJ \cdot mol^{-1})$	浓度 $n_0/(mol \cdot L^{-1})$
1						
2						
3						
4						
5						
6						
7						
8						

【注意事项】

1. 杜瓦瓶用前需干燥，瓶中加热器的电热丝部分要全部位于液面下。

2. 保持电流和电压的值恒定，随时注意调节。固体 KNO_3 易吸水，故称量和加样动作应迅速。固体 KNO_3 在实验前务必研磨成粉状，并在 110℃烘干。

3. 量热器绝热性能与盖上各孔隙密封程度有关，实验过程中要注意盖好，减少热损失。

【思考题】

1. 能否利用本实验装置测定硫酸铜水和反应 $CuSO_4(s)+5H_2O(l)\longrightarrow CuSO_4 \cdot 5H_2O(s)$ 的热效应？请设计实验方案。

2. 该实验装置可否用来测定液体的比热、水化热、生成热及有机物的混合热效应？

3. 实验过程中，为什么要将样品硝酸钾干燥？不进行干燥对实验结果有什么影响？

实验 6　双液系气-液平衡相图的测定

【实验目的】

1. 了解阿贝折射仪的测量原理。

2. 掌握沸点仪、综合实验系统和阿贝折射仪的使用方法。

3. 绘制在实验室大气压力下环己烷-乙醇的气液平衡相图，并找出恒沸点混合物的组成和最低恒沸点。

【实验原理】

常温下，任意两种液体混合组成的体系称为双液体系。双液系气液平衡的相图主要有 p-x 图、T-x 图和 p-T 图三类，经常使用的是 p-x 图、T-x 图。根据系统的性质，常见的 T-x 图主要包含三种，即：（1）理想的双液系，液体与拉乌尔定律的偏差不大，其溶液沸点介于两纯液体沸点之间；（2）两组分对拉乌尔定律发生较大负偏差，其溶液有最高沸点；（3）两组分对拉乌尔定律发生较大正偏差，其溶液有最低沸点。对具有正偏差和负偏差的两种溶液进行蒸馏，在最低和最高沸点的时候气液两相平衡，气液两相组成相同，蒸馏的结果使气相量增加、液相量减少，沸腾过程中的温度保持不变，此刻的温度叫恒沸点，对应的组成叫恒沸组成。如图 3-6-1 所示：

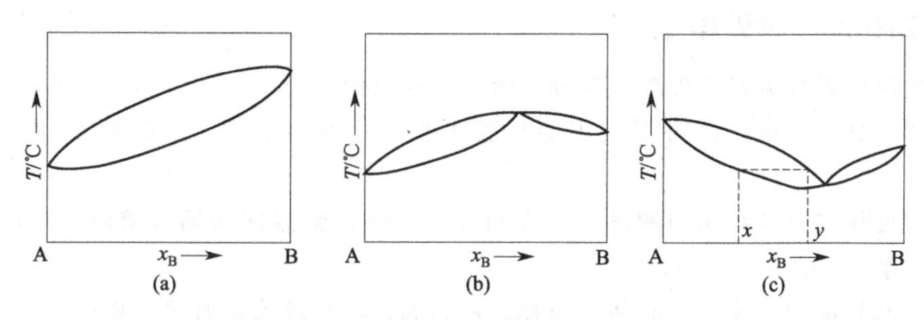

图 3-6-1　双液系气液平衡的 T-x 相图

图 3-6-2 是二元液系相图测试综合实验仪，使用电加热套在大气压下对一系列不同组成的环己烷-乙醇体系进行加热，沸点温度测量使用温度传感器，溶液经电加热套加热后达到沸腾，蒸气进入冷凝管冷凝后回流，经反复的冷凝回流过程，最终达到气-液平衡的状态，从而绘制环己烷-乙醇体系的 T-x 图。因本实验无法直接测出气、液相组成，环己烷和乙醇的折射率相差较大，且它们的液态混合物的折射率与其浓度呈线性关系，故可用折射率-组成标准曲线来得到平衡体系的组成。首先配制标准溶液，绘制标准曲线，再用阿贝折射仪测定体系在沸点温度下气相冷凝液、液相的折射率，从标准曲线上查到对应的组成，利用综合控制系统测定温度，绘制 T-x 图。

【仪器、试剂及材料】

仪器：二元液系相图测试综合实验仪（西南石油大学自研自制），阿贝折射仪，胶头滴

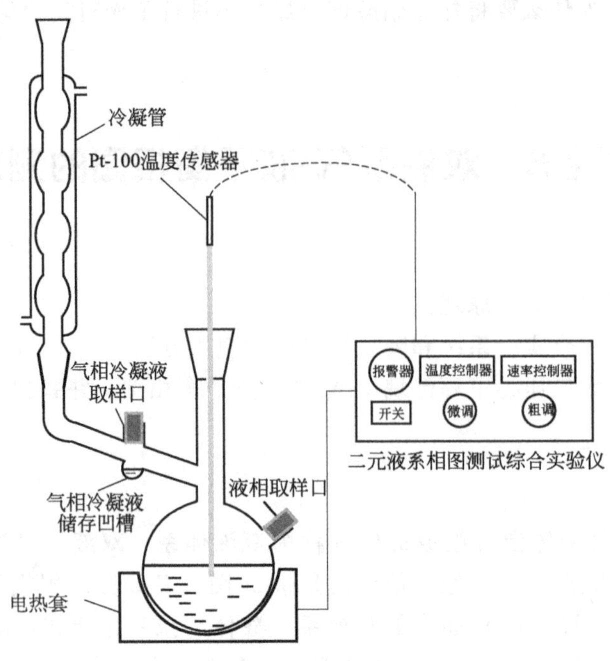

图 3-6-2 二元液系相图测试综合实验仪

管，烧杯（100mL），量筒（10mL、50mL）。

试剂：无水乙醇（A. R.），环已烷（A. R.）。

材料：乳胶管，擦镜纸，沸石。

【安全须知和废弃物处理】

1. 实验室中需穿戴普通棉纱实验服、防护目镜或面罩。

2. 取用、处理有机溶液时需戴丁腈橡胶手套，若发生沾染，及时用水冲洗沾染部位10min 以上。

3. 正确使用二元液系相图测试综合实验仪，温度传感器顶端插入溶液中，严格控制加热功率，注意防止触电和烫伤。

4. 取样滴管必须干燥，小心使用烧杯、量筒等，防止玻璃器皿破损划伤。

5. 有机废液倒入固定的废液回收桶。

【实验步骤】

1. 测定标准溶液的折射率，绘制标准曲线

用阿贝折射仪（使用方法参见 2.1 节）依次测量纯乙醇、纯环已烷和摩尔分数为 20%、40%、60%、80%的环已烷-乙醇标准溶液的折射率。用环已烷的摩尔分数表示溶液的组成，以折射率对溶液的组成作图，即得标准曲线。

2. 测定环已烷-乙醇体系的沸点和组成的关系

如图 3-6-2 所示，安装好沸点仪，开启冷凝水，从进样口（液体取样口）加入沸石 2～3 粒及待测溶液，盖上磨口塞和胶塞，使测温探头浸入液体，用电加热套加热（加热功率控制在 50W 左右）。最初的气相冷凝液不能代表气液相平衡时的组成，须用胶头滴管将其滴回到蒸馏瓶中，并反复 2～3 次，待溶液沸腾且温度稳定后保持 1～2min，体系达到平衡，记录

此时的温度，即沸点温度。关闭加热，分别打开液相取样口和气相取样口的磨口塞，用干净的长、短滴管取液相和气相冷凝液，冷却到室温后测定其折射率，并记录数据。

本实验以恒沸点为界，分别把相图分成左右两部分绘制。具体测定方法如下：

(1) 取 40mL 无水乙醇加入沸点仪中，加热并记录沸点温度，然后根据表 3-6-2 依次加入环己烷 3mL、6mL、15mL，根据上述步骤分别测定溶液的沸点和气相冷凝液、液相折射率。实验完毕，溶液倒入有机废液桶（倒废液时注意磨口塞），并干燥。

(2) 取 40mL 环己烷加入沸点仪中，加热并记录沸点温度，然后根据表 3-6-2 依次加入无水乙醇 3mL、6mL、15mL，根据前述方法分别测定溶液的沸点和气相冷凝液、液相折射率。

【数据记录与处理】

1. 记录标准溶液的折射率，并填入表 3-6-1。作环己烷-乙醇标准曲线。

表 3-6-1　环己烷-乙醇标准溶液的折射率

组成(环己烷摩尔分数)	0%	20%	40%	60%	80%	100%
折射率						

2. 将测定的沸点和折射率填入下表，根据标准曲线换算气液两相组成，并填入表 3-6-2。作环己烷-乙醇体系的 T-x 图，并找到该体系的最低恒沸点和恒沸组成。

表 3-6-2　沸点和折射率记录表

编号	每次加入的乙醇/mL	每次加入的环乙烷/mL	沸点/℃	气相冷凝分析		液相冷凝分析	
				折射率	组成	折射率	组成
1	40	0					
2	0	2					
3	0	3					
4	0	5					
5	0	40					
6	1	0					
7	2	0					
8	2	0					

【注意事项】

1. 测定折射率时，因试样组分易挥发，宜快速测定，确保数据的准确性。

2. 在每一个样品的蒸馏过程中，因体系的成分不可能保持恒定，因此平衡温度略有变化，特别是当溶液中两种组成的加量相差较大时变化更为明显。因此每次改变加量的时候，待溶液沸腾后，正常回流 1～2min，即可取样测定，不宜等待较长的时间。

3. 每次取样时滴管一定要保持干燥，不能留有上次的残液，气相冷凝液的样品要取干净。

【思考题】

1. 实验过程中，盛装和量取液体的仪器为什么要保持干燥。如果混有水，实验结果是否准确，为什么？

2. 实验的加热过程中，为什么要将回流液反复倾倒回三口蒸馏瓶中？

3. 作乙醇-环己烷标准液的折射率-组成关系曲线的目的是什么？

4. 如果实验所用的环己烷中混有少量乙醇，会对实验产生什么影响？为什么？

实验 7　三组分液-液体系相图

【实验目的】

1. 测绘环己烷-水-乙醇三组分体系的相图。
2. 掌握三角坐标作图法和三组分体系相图的特点。

【实验原理】

设以等边三角形的三个顶点分别代表纯组分 A，B 和 C，则 AB 线代表（A+B）的二组分体系，BC 线代表（B+C）二组分体系，AC 线代表（A+C）二组分体系，而三角形内各点相当于三组分体系。将三角形的每一边分为 100 等份，通过三角形内任何一点 O 引平行于各边的直线，根据几何原理，$a+b+c=AB=BC=CA=100\%$，因此 O 点所代表的体系的组成为：B%$=b'$，C%$=c'$，A%$=a'$。要确定 O 点的 B 组成，只需通过 O 点作出 B 的对边 AC 的平行线，割 AB 边于 D，AD 线段长即相当于 B%。其余以此类推。如果已知三组分中的任意两个组成，只需作两条平行线，其交点就是被测体系的组成点［图 3-7-1(a)］。

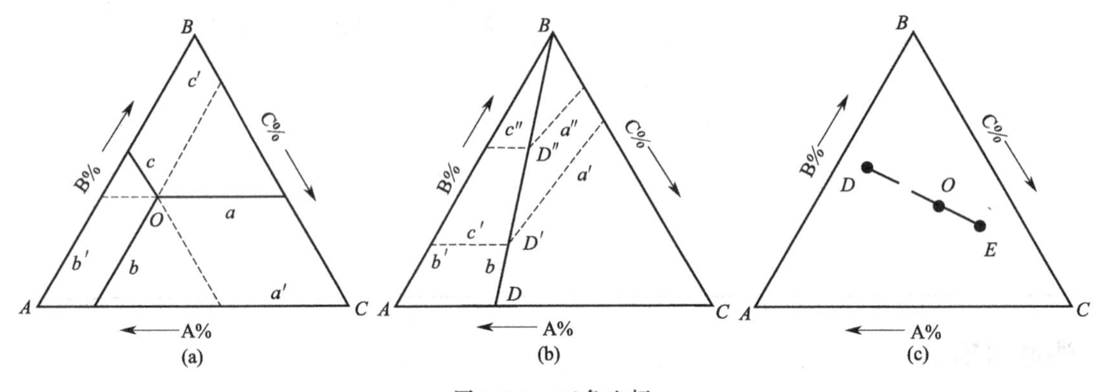

图 3-7-1　三角坐标

等边三角形图还有下列两个特点：

（1）通过任一顶点 B 向其对边引直线 BD［图 3-7-1(b)］，则 BD 线上的各点所代表的系统中，A、C 两个组分含量的比值保持不变。这可由三角形相似原理得到证明，即：

$$\frac{a'}{c'}=\frac{a''}{c''}=\frac{\mathrm{A}\%}{\mathrm{C}\%}=\text{常数}$$

（2）如果有两个三组分体系 D 和 E［图 3-7-1(c)］，将其混合之后的系统，其组成必位于 D、E 两点之间的连线上，例如点 O。根据杠杆规则：

$$\frac{\text{E 之量}}{\text{D 之量}}=\frac{DO\text{ 之长}}{EO\text{ 之长}}$$

在环己烷-水-乙醇三组分体系中，环己烷和水是不互溶的，而乙醇和环己烷及乙醇和水都是互溶的，在环己烷-水体系中加入乙醇则可促使环己烷与水互溶。由于乙醇在环己烷层及水层中非等量分配，因此代表两层浓度的 a，b 点的连线并不一定和底边平行（图 3-7-2）。设加入乙醇后体系总组成为 c，平衡共存的两相叫共轭溶液，其组成由通过 c 的连线上的 a，b 两点表示。图中曲线以下区域为两相共存，其余部分为一相。

现有一个环己烷-水的二组分体系，其组成为 K，于其中逐渐加入乙醇，则体系总组成沿 KB 变化（环己烷-水比例保持不变），在曲线以下区域内则存在互不混溶的两共轭相，将溶液振荡则出现浑浊状态（图 3-7-2）。继续滴加乙醇直到曲线上的 d 点，体系将由两相区进入单相区，液体将由浑浊转为清澈，继续加乙醇至 e 点，液体仍为清澈的单相；如于这一体系中滴加水，则体系总组成将沿 e-C 变化（乙醇-环己烷比例保持不变），直到曲线上的 f 点，则由单相区进入两相区，液体开始由清澈变浑浊。继续滴加水至 g 点仍为两相；如于此体系中再加入乙醇，至 h 点则由两相区进入单相区，液体由浑变清；如此反复进行，可获得 d，f，h，i…位于曲线上的点，将它们连接即得单相区与两相区分界的曲线。

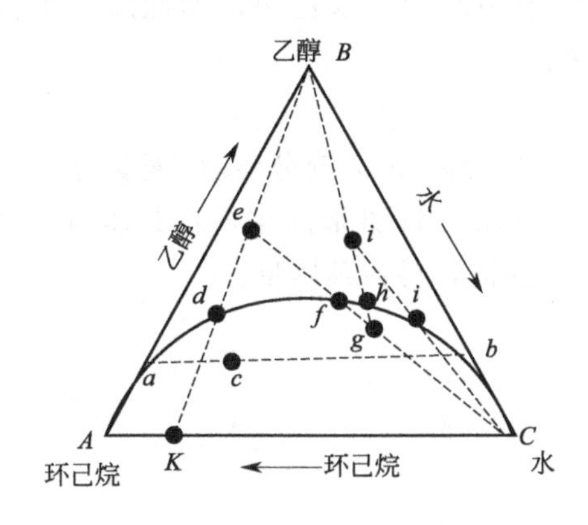

图 3-7-2　滴定路线图

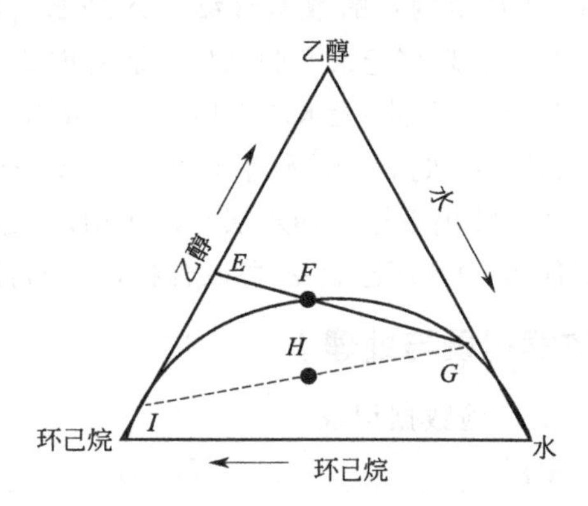

图 3-7-3　连接线的测定图

设将组成为 E 的环己烷-乙醇混合液，滴加到组成为 G、质量为 W_G 的水层溶液中（见图 3-7-3），则体系总组成点将沿直线 GE 向 E 移动，当移至 F 点时，液体由浊变清（由两相变为单相），根据杠杆规则，加入的环己烷-乙醇混合物的质量 W_E 与水层 G 的质量 W_G 之比按下式确定：

$$\frac{W_E}{W_G}=\frac{FG}{EF}$$

已知 E 点及 $\frac{FG}{EF}$ 比值后，可通过 E 点作曲线的割线，使割得的线段符合 $\frac{FG}{EF}=\frac{W_E}{W_G}$，从而可确定出 G 点的位置；由 G 通过原体系总组成点 H，即得连接线 GI。G 及 I 代表总组成为 H 的体系的两个共轭溶液，G 是它的水层，而 I 是它的环己烷层。

【仪器、试剂】

仪器：酸式滴定管（50mL），刻度移液管（2mL 2 支、1mL 2 支），锥形瓶（50mL、250mL），分液漏斗（50mL）。

试剂：环己烷（A. R.），无水乙醇（A. R.），纯水。

【安全须知和废弃物处理】

1. 实验室中需穿戴普通棉纱实验服、防护目镜或面罩。

2. 取用有机溶液时需戴丁腈橡胶手套，若发生皮肤沾染，及时用水冲洗沾染部位10min以上。

3. 小心使用滴定管、移液管等，防止玻璃器皿破损划伤。

4. 有机废液倒入固定的废液回收桶。

【实验步骤】

1. 环己烷-水-无水乙醇三元相图的绘制

(1) 用移液管取环己烷2mL放入干燥的250mL锥形瓶中，另用刻度移液管加纯水0.1mL，混匀，然后用酸式滴定管向锥形瓶中滴加无水乙醇，至溶液恰由浊变清时，记下所加无水乙醇的质量，并向此液中再加入无水乙醇0.5mL。

(2) 用纯水滴定(1)中溶液，至溶液刚由清返浊，记下所用纯水的质量，并按照记录表3-7-1中所规定的数量继续加入纯水，然后又向溶液中滴加无水乙醇，如此反复进行实验，并注意观察记录实验现象，滴定时必须充分振荡。

2. 环己烷-水-无水乙醇体系组分测定

(1) 在干净的分液漏斗中加入环己烷3mL、水3mL及乙醇2mL，充分摇动后静置分层。

(2) 放出下层(即水层)约1mL于已知质量的50mL干净锥形瓶中，称其质量，然后逐滴加入50%环己烷-乙醇混合物，不断摇动，至由浊变清，再称其质量。

【数据记录与处理】

1. 实验数据记录

室温：________℃；大气压力：________kPa。

表3-7-1　三组分液-液体系相图实验数据记录

编号	体积/mL					质量/g				质量分数/%			终点记录
	环己烷	水		乙醇		环己烷	水	乙醇	合计	环己烷	水	乙醇	
		每次加量	合计	每次加量	合计								
1	2	0.1											清
2	2			0.5									浊
3	2	0.2											清
4	2			0.9									浊
5	2	0.6											清
6	2			1.5									浊
7	2	1.5											清
8	2			3.5									浊
9	2	4.5											清
10	2			7.5									浊

项目	环己烷	水	乙醇	
				锥形瓶质量＝
体积/mL	3	3	2	水层质量(W_G)＝
质量/g				50%环己烷-乙醇混合质量(W_E)＝
质量分数/%				$W_E : W_G$＝

2. 将终点时溶液中各成分的体积，根据其密度换算成质量，求出各终点质量分数，填入表3-7-1中，所得结果绘于三角坐标纸上。将各点连成平滑曲线，并用虚线将曲线外延到三角形两个顶点(因水与环己烷在室温下可以看成是完全不互溶的)。

3. 在三角坐标上标定出50%环己烷-乙醇混合物组成点E，过E作曲线的割线EG，割

曲线于 F，使$\frac{FG}{EF}=\frac{W_E}{W_G}$。求得 G 点后，与体系原始总组成点 H 连接，延长并与曲线交于 I 点，IG 即为所求连接线。

【注意事项】

1. 滴定管必须保证干燥而洁净，锥形瓶也必须干净，振荡后内壁不能悬挂液珠。
2. 在滴定的过程中，正确判断滴定终点，并注意观察记录实验现象。

【思考题】

1. 当体系总组成点在曲线内与曲线外时，相数有何变化？
2. 连接线交于曲线上的两点代表什么？
3. 当温度、压力恒定时，单相区的自由度是几？双相区呢？
4. 锥形瓶为什么要提前干燥？
5. 用水或乙醇滴定至清浊变化以后，为什么还要加入过剩量？过剩量的多少对结果有何影响？
6. 从测量的精密度来看，体系的组成能用几位有效数字表示？
7. 如果滴定过程中有一次清浊转变时读数不准，是否需要立即倒掉溶液重新做实验？

实验 8　偏摩尔体积的测定

【实验目的】

1. 掌握用比重瓶测定溶液密度的方法。
2. 加深理解偏摩尔量的物理意义。
3. 掌握测定偏摩尔体积的原理和方法。

【实验原理】

在恒温、恒压及溶液组成不变的条件下，将 1mol 某组分加入某浓度的溶液中引起的体积变化，称为该组分在此浓度溶液中的偏摩尔体积。

根据热力学概念，系统的体积 V 为广度性质，其偏摩尔量则为强度性质。在多组分体系中，某组分 i 的偏摩尔体积定义为：

$$V_{i,\mathrm{m}}=\left(\frac{\partial V}{\partial n_i}\right)_{T,p,n_j(i\neq j)} \tag{3-8-1}$$

式中　n_j——表示溶液中除 i 组分以外其他组分的物质的量不变。

若是二组分体系，则有

$$V_{1,\mathrm{m}}=\left(\frac{\partial V}{\partial n_1}\right)_{T,p,n_2} \tag{3-8-2}$$

$$V_{2,\mathrm{m}}=\left(\frac{\partial V}{\partial n_2}\right)_{T,p,n_1} \tag{3-8-3}$$

系统总体积

$$V=n_1V_{1,\mathrm{m}}+n_2V_{2,\mathrm{m}} \tag{3-8-4}$$

将式(3-8-4) 两边同时除以溶液质量 m

$$\frac{V}{m}=\frac{m_1}{M_1}\frac{V_{1,\mathrm{m}}}{m}+\frac{m_2}{M_2}\frac{V_{2,\mathrm{m}}}{m} \tag{3-8-5}$$

令

$$\frac{V}{m}=\alpha,\frac{V_{1,\mathrm{m}}}{M_1}=\alpha_1,\frac{V_{2,\mathrm{m}}}{M_2}=\alpha_2 \tag{3-8-6}$$

式中 α——溶液的比容；

α_1，α_2——组分 1、组分 2 的偏质量体积。

将式(3-8-6) 代入式(3-8-5) 可得：

$$\alpha=w_1\alpha_1+w_2\alpha_2=(1-w_2)\alpha_1+w_2\alpha_2 \tag{3-8-7}$$

将式(3-8-7) 对 w_2 微分：

$$\frac{\partial\alpha}{\partial w_2}=-\alpha_1+\alpha_2,即\alpha_2=\alpha_1+\frac{\partial\alpha}{\partial w_2} \tag{3-8-8}$$

将式(3-8-8) 代入式(3-8-7) 整理得：

$$\alpha_1=\alpha-w_2\frac{\partial\alpha}{\partial w_1} \tag{3-8-9}$$

$$\alpha_2=\alpha+w_1\frac{\partial\alpha}{\partial w_2} \tag{3-8-10}$$

所以，实验求出不同浓度溶液的比容 α，作 α-w 关系图，得曲线 CC'（见图 3-8-1）。欲求 M 点浓度溶液中各组分的偏摩尔体积，可在 M 点作切线，此切线在两边的截距 AB 和 $A'B'$ 即为 α_1 和 α_2，再由式(3-8-6) 就可求出 $V_{1,\mathrm{m}}$ 和 $V_{2,\mathrm{m}}$。

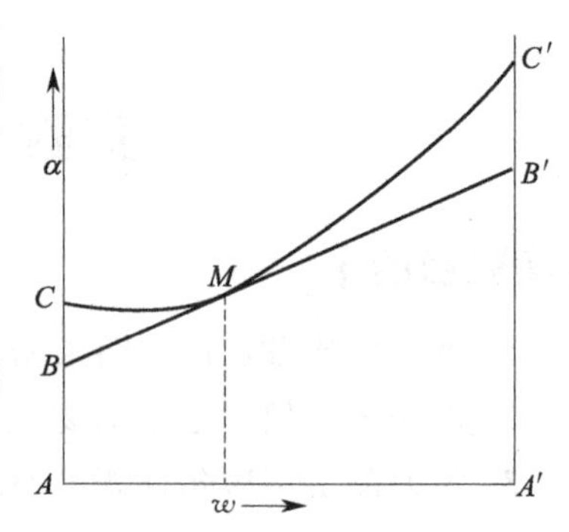

图 3-8-1 比容-质量分数的关系

【仪器、试剂及材料】

仪器：恒温水浴，分析天平，比重瓶（10mL），具塞锥形瓶（50mL）。

试剂：无水乙醇（A. R.），纯水。

材料：滤纸片。

【安全须知和废弃物处理】

1. 实验室中需穿戴普通棉纱实验服、防护目镜或面罩。
2. 取用、处理有机溶液时需戴丁腈橡胶手套，若发生沾染，及时用水冲洗沾染部位 10min 以上。
3. 正确使用恒温水浴，注意防止触电和烫伤。
4. 小心使用比重瓶和三角烧瓶等，防止玻璃器皿破损划伤。
5. 有机废液倒入固定的废液回收桶。

【实验步骤】

(1) 调节恒温水浴的温度，要求设定温度至少比室温高 5℃。

(2) 配制不同组成的乙醇水溶液。以无水乙醇和纯水为原液，在磨口锥形瓶中用天平称重，配制含乙醇质量分数为 0%、20%、40%、60%、80%、100%的乙醇水溶液，每份溶液的质量控制在 15g 左右。配好后，摇匀，盖紧塞子，以防挥发。

(3) 测定每份乙醇水溶液的密度。将比重瓶润洗后装满溶液置于恒温水浴中恒温 10min。测定溶液的质量，并计算密度。

(4) 密度的测定。密度的测量采用的比重瓶，是玻璃吹制的带有毛细管孔塞子的容器，如图 3-8-2。

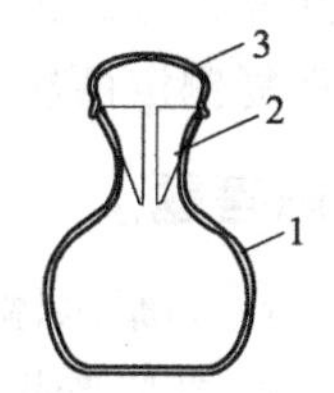

图 3-8-2 比重瓶

1—瓶身；2—带毛细管孔的瓶塞；3—盖帽

比重瓶测定密度的方法：

① 在分析天平上称得清洁、干燥的空比重瓶质量 m_0；

② 将比重瓶中装满纯水，滤纸吸干溢出的水分，称得质量为 m_1；

③ 倒掉比重瓶中的纯水，吹干比重瓶，将样品装入比重瓶，再次称得质量为 m_2。

$$\rho=\frac{m_2-m_0}{m_1-m_0}\rho_0 \tag{3-8-11}$$

式中 ρ_0——纯水的密度，$g \cdot cm^{-3}$；

ρ——待测溶液的密度，$g \cdot cm^{-3}$。

【数据记录与处理】

1. 实验数据记录

根据恒温水浴的温度查水的密度和称重结果（表 3-8-1），求出比重瓶的容积，测定两次求平均。

室温：______℃；恒温水浴温度：______℃；水的密度：______$g \cdot cm^{-3}$。

表 3-8-1 比重瓶容积的测定记录表

比重瓶编号	m_0/g	m_1/g	V_0/L
1			
2			

2. 根据所测不同组成溶液的质量数据，算出所配溶液的密度。并计算实验条件下各溶液的比容，记于表 3-8-2。

表 3-8-2 不同组成溶液的密度、比容记录表

溶液中乙醇/%	0	20	40	60	80	100
比重瓶质量 m_0/g						
溶液的质量 m_2/g						
溶液密度 $\rho/(g \cdot cm^{-3})$						
比容 $V/(L \cdot kg^{-3})$						

3. 以比容为纵轴、乙醇的质量浓度为横轴作曲线。对曲线进行拟合，求得 $\alpha=f(w_2)$二项式函数，例如：$\alpha=f(w_2)=a+bx+cx^2$。

4. 计算含乙醇 20%、40%、60% 的溶液中各组分的偏摩尔体积及 100g 该溶液的总体积。

【注意事项】

1. 使用比重瓶装满纯水和乙醇水溶液时，必须盖严，瓶内不得存留气泡。

2. 拿比重瓶时应手持其颈部。

3. 恒温过程应密切注意毛细管出口液面，如因挥发液滴消失，可滴加少许被测溶液以防挥发误差。为减少挥发误差，动作要敏捷。每份溶液用两个比重瓶进行平行测定或每份样品重复测定两次，结果取其平均值。

【思考题】

1. 偏摩尔体积有可能小于零吗？
2. 在实验操作过程中哪些测量或数据处理方法引入误差较大？可做哪些措施或改进？
3. 实验过程中，测定偏摩尔体积后，能否求得其他偏摩尔量，如何求算？
4. 三组分溶液中各组分的偏摩尔体积如何测定？
5. 如何使用比重瓶测量粒状固体的密度？

实验 9　液相反应平衡常数的测定

【实验目的】

1. 学习可见吸收光谱定量分析的原理以及分光光度计的原理和使用方法。
2. 通过实验了解平衡常数与反应物的起始浓度无关。
3. 掌握分光光度法测定低浓度下铁离子与硫氰酸根离子生成硫氰合铁离子的平衡常数。

【实验原理】

当一束平行的单色光通过含有均匀的吸光物质的吸收池（或气体、固体）时，光的一部分被溶液吸收，一部分透过溶液，一部分被吸收池表面反射。设入射光强度为 I_0，透射光强度为 I_t（图 3-9-1），在吸收池质量和厚度都相同的情况下，反射光强度的影响可互相抵消，则透光率 T 和吸光度 A 可表示为：

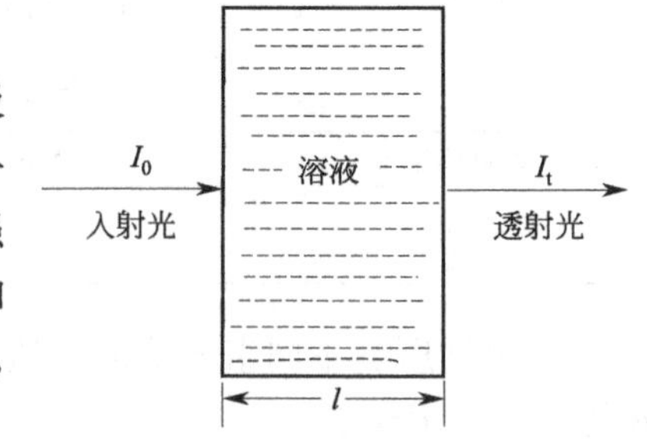

图 3-9-1　光的吸收示意图

I_0—入射光强度；I_t—透射光强度；l—液层厚度

$$T=\frac{I_t}{I_0} \tag{3-9-1}$$

$$A=-\lg T=-\lg\frac{I_t}{I_0} \tag{3-9-2}$$

可见吸收光谱法用于定量分析的原理是：用特定波长的光照射被测物质溶液，测定它的吸光度，再根据吸光度计算被测组分的含量。计算依据是朗伯-比尔定律。

朗伯-比尔定律的数学表达式为：

$$A=\varepsilon cl \tag{3-9-3}$$

式中　A——吸光度，cm；

c——有色物质的浓度，$mol \cdot L^{-1}$；

l——液层厚度，cm；

ε——比例常数，称为摩尔吸光系数，它与入射光的波长以及溶液的性质、温度有关。

朗伯-比尔定律可解释为当用一定波长的单色光照射吸收物质的溶液时，其吸光度与溶液的浓度和透光层厚度的乘积成正比。利用朗伯-比尔定律将式(3-9-3) 简化为：

$$\frac{A'}{A}=\frac{c'}{c} \tag{3-9-4}$$

这样利用已知标准溶液的浓度 c'，再由分光光度计分别测出标准溶液的吸光度 A'和待测溶液的吸光度 A，就可由式(3-9-4) 求得待测溶液中有色物质的浓度 c 的值。

本实验中，Fe^{3+} 与 SCN^- 在溶液中可生成一系列的配离子，并共存于同一个平衡体系中（图 3-9-2）。而这些不同的配离子颜色不同，对光的吸收也不同。当 SCN^- 的浓度增加时，Fe^{3+} 与 SCN^- 生成的配合物的组成发生如下改变：

$$Fe^{3+}+SCN^- \longrightarrow Fe(SCN)^{2+} \longrightarrow Fe(SCN)_2^+ \longrightarrow Fe(SCN)_3 \longrightarrow Fe(SCN)_4^- \longrightarrow Fe(SCN)_5^{2-}$$

Fe^{3+} 与浓度很低的 SCN^-（一般应小于 $5\times10^{-3}\,mol\cdot L^{-1}$），只进行如下反应：

$$Fe^{3+}+SCN^- \rightleftharpoons Fe(SCN)^{2+}$$

即反应被控制在仅仅生成最简单的 $Fe(SCN)^{2+}$ 配离子。其经验（实验）平衡常数表示为：

$$K^{\ominus}=\frac{\dfrac{c[Fe(SCN)^{2+}]}{c^{\ominus}}}{\dfrac{c(Fe^{3+})}{c^{\ominus}}\left[\dfrac{c(SCN^-)}{c^{\ominus}}\right]} \tag{3-9-5}$$

由于 Fe^{3+} 在水溶液中，存在水解平衡，所以 Fe^{3+} 与 SCN^- 的实际反应很复杂，其机理为：

$$Fe^{3+}+SCN^- \underset{K_{-1}}{\overset{K_1}{\rightleftharpoons}} Fe(SCN)^{2+}$$

$$Fe^{3+}+H_2O \overset{K_2}{\rightleftharpoons} Fe(OH)^{2+}+H^+ \quad (快)$$

$$Fe(OH)^{2+}+SCN^- \underset{K_{-3}}{\overset{K_3}{\rightleftharpoons}} Fe(OH)(SCN)^+$$

$$Fe(OH)(SCN)^-+H^+ \overset{K_4}{\rightleftharpoons} Fe(SCN)^{2+}+H_2O \quad (快)$$

当达到平衡时，整理得到：

$$\frac{[Fe(SCN)^{2+}]}{[Fe^{3+}]_{平}[SCN^-]_{平}}=\left(K_1+\frac{K_2K_3}{[H^+]_{平}}\right)+\left(K_{-1}+\frac{K_{-3}}{K_4[H^+]_{平}}\right)=K_{平}$$

由上式可见，平衡常数受氢离子的影响。因此，实验只能在同一 pH 值下进行。

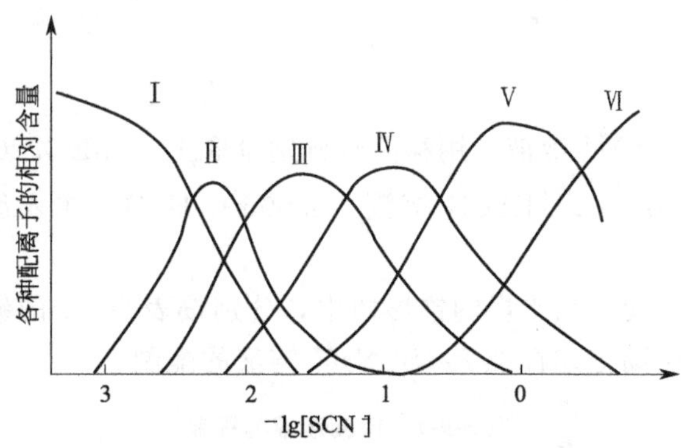

图 3-9-2　SCN^- 浓度对配合物组成的影响

（Ⅰ～Ⅵ分别代表配位数为 0～5 的硫氰酸铁配离子）

本实验为离子平衡反应，离子强度必然对平衡常数有很大影响。所以，在各被测溶液中离子强度 $I=\frac{1}{2}\sum m_iZ_i^2$ 应保持一致。为了抑制 Fe^{3+} 水解产生棕色的 $Fe(OH)^{2+}$（会干扰比色测定)，反应系统中应控制较大的酸度，例如，$c(H^+)=0.50mol\cdot L^{-1}$，而在此条件下，系统中所用反应试剂（配合剂）$SCN^-$基本以HSCN形式存在。待测溶液中$Fe(SCN)^{2+}$的平衡浓度$c\{[Fe(SCN)]^{2+}\}_{eq}$可通过与标准$Fe(SCN)^{2+}$溶液比较测得。进而可得：

$$c[Fe^{3+}]_{eq}=c[Fe^{3+}]_{始}-c\{[Fe(SCN)]^{2+}\}_{eq} \tag{3-9-6}$$

$$c[HSCN]_{eq}=c[HSCN]_{始}-c\{[Fe(SCN)]^{2+}\}_{eq} \tag{3-9-7}$$

又$[H^+]_{eq}\approx[H^+]$，将各物质的平衡浓度代入式(3-9-5)即可求得$K^{\ominus}$值。

实验中标准$Fe(SCN)^{2+}$溶液的配制原则如下：当$c(Fe^{3+})\gg c(HSCN)$时［例如，$c(Fe^{3+})_{始}=0.100mol\cdot L^{-1}$，$c(HSCN)_{始}=0.0002mol\cdot L^{-1}$］，可认为HSCN几乎全部转化为$Fe(SCN)^{2+}$，即标准$Fe(SCN)^{2+}$溶液的浓度等于HSCN（或KSCN）的起始浓度。

【仪器、试剂及材料】

仪器：723N型分光光度计，比色皿，锥形瓶（25mL），移液管（10mL、5mL），容量瓶（100mL），温度计。

试剂：KSCN（$0.00200mol\cdot L^{-1}$），$Fe(NO_3)_3$（$0.00200mol\cdot L^{-1}$，$0.200mol\cdot L^{-1}$）［将$Fe(NO_3)_3\cdot 9H_2O$溶于$1.0mol\cdot L^{-1}$ HNO_3中配成，HNO_3的溶度应尽量准确，以免影响H^+的浓度］。

材料：擦镜纸，滤纸片。

【安全须知和废弃物处理】

1. 实验室中需穿戴普通棉纱实验服、防护目镜或面罩。

2. KSCN吸入、皮肤接触及吞食有害，硝酸对眼睛、黏膜和皮肤有刺激作用，$Fe(NO_3)_3$是无机氧化剂，在使用时需戴丁腈橡胶手套和实验口罩。

3. 若发生皮肤沾染，及时用水冲洗沾染部位10min以上；若发生眼睛接触，应提起眼睑，用洗眼器冲洗，然后就医。

4. 正确使用分光光度计，小心使用比色皿、移液管等，防止玻璃器皿破损划伤。

5. 无机金属废液、废酸液分类倒入固定的废液回收桶。

【实验步骤】

1. 溶液的配制

（1）配制标准$Fe(SCN)^{2+}$溶液。用移液管分别量取10.0mL $0.200mol\cdot L^{-1}$ $Fe(NO_3)_3$溶液、2.0mL $0.00200mol\cdot L^{-1}$ KSCN溶液、8.00mL H_2O，注入编好号的干燥锥形瓶，轻轻摇荡，使混合均匀。

（2）配制待测溶液。向4只干燥的锥形瓶中，分别按表3-9-1的编号所示比例混合得到待测溶液，具体配制方法同上述标准$Fe(SCN)^{2+}$溶液的配制。

表3-9-1 待测溶液的配制

实验编号	1	2	3	4
$0.0020mol\cdot L^{-1}$ $Fe(NO_3)_3$溶液体积V/mL	10.0	10.0	10.0	10.0
$0.0020mol\cdot L^{-1}$ KSCN溶液体积V/mL	10.0	8.0	6.0	4.0
H_2O体积V/mL	0.0	2.0	4.0	6.0

2. 平衡常数的测定

(1) 调整分光光度计（使用方法参见 2.2 节），将波长调到 447nm 处。然后取少量恒温的 1 号溶液润洗比色皿两次。把溶液倒入比色皿，置于夹套中恒温，再准确测量溶液的吸光度，更换溶液测定两次，取其平均值。用同样的方法测定 2、3、4 号溶液的吸光度，并记录数据。

(2) 在 35℃下，重复上述实验，测定 1、2、3、4 号溶液在该温度下的吸光度，并记录数据。

【数据记录与处理】

1. 将 1、2、3、4 号溶液的吸光度填入表 3-9-2，并计算化学平衡常数 $K_1^\ominus$。

表 3-9-2 实验数据记录与处理 (1)

实验编号		1	2	3	4	标准
吸光度 A(比色皿厚度/cm)						
起始浓度 /(mol · L^{-1})	$c(Fe^{3+})_{始}$					
	$c(HSCN)_{始}$					
	$c(H^+)_{eq}$					
平衡浓度 /(mol · L^{-1})	$c\{[Fe(SCN)]^{2+}\}_{eq}$					
	$c(Fe^{3+})_{eq}$					
	$c(HSCN)_{eq}$					
平衡常数 $K_1^\ominus$						

实验温度 T=__________K；$K_1^\ominus$ 的平均值=__________。

2. 记录样品在 35℃下的实验数据，填入表 3-9-3，并计算化学平衡常数 $K_2^\ominus$。

表 3-9-3 实验数据记录与处理 (2)

实验编号		1	2	3	4	标准
吸光度 A(比色皿厚度/cm)						
起始浓度 /(mol · L^{-1})	$c(Fe^{3+})_{始}$					
	$c(HSCN)_{始}$					
	$c(H^+)_{eq}$					
平衡浓度 /(mol · L^{-1})	$c\{[Fe(SCN)]^{2+}\}_{eq}$					
	$c(Fe^{3+})_{eq}$					
	$c(HSCN)_{eq}$					
平衡常数 $K_2^\ominus$						

实验温度 T=__________K；$K_2^\ominus$ 的平均值=__________。

3. 通过测量两个温度下的平衡常数计算出 $\Delta_r H_m^\ominus$，即

$$\ln\frac{K_2^\ominus(T_2)}{K_1^\ominus(T_1)}=-\frac{\Delta_r H_m^\ominus}{R}\left(\frac{1}{T_2}-\frac{1}{T_1}\right)$$

式中 $K_1^\ominus(T_1)$、$K_2^\ominus(T_2)$——温度 T_1、T_2 时的平衡常数。

【注意事项】

1. 配制溶液前，应将锥形瓶烘干，以免影响各组分浓度。
2. 分光光度计使用前应预热 15min 以上，以达到稳定的仪器状态。
3. 测量吸光度时，应先用待测溶液润洗比色皿 2～3 次。

4. 完成过程中应保持样品室干净整洁，以免污染光路。

【思考题】

1. 如 Fe^{3+}、SCN^- 浓度较大，则不能按上述公式计算 K 值，为什么？
2. 为什么可用 $c[Fe(SCN)^{2+}]_{平}$ = 光密度比 × $c(SCN^-)_{始}$ 来计算 $c[Fe(SCN)^{2+}]$？
3. 测定溶液光密度时，为什么需要空的比色皿，如何选择空白液？

实验 10　差热分析图的测定

【实验目的】

1. 掌握差热分析的基本原理和方法。
2. 掌握差热分析仪的使用方法，利用差热分析仪测定 $CuSO_4 \cdot 5H_2O$ 的差热图。
3. 掌握定性解释差热图谱的基本方法。

【实验原理】

物质在加热或冷却的过程中，当达到特定温度时，会发生物理或者化学变化，并伴随产生吸热和放热现象。差热分析法是在程序温度控制下，监测试样与参比物之间温度差随时间或温度变化的一种技术。在程序升温或降温时，在给定的温度范围内，参比物（常采用三氧化二铝、煅烧过的氧化镁、石英砂）不会产生吸热或放热效应，而试样伴有热效应的发生，如熔化、凝固、分解、化合、吸附等。在加热或冷却过程中，热效应会导致试样温度变化而参比物温度始终保持不变，测量试样与参比物两者的温度差随温度（或时间）的变化关系即为差热分析（Differential Thermal Analysis，DTA）。记录试样与参比物两者的温度差与温度（或时间）间关系的曲线称为差热分析图或差热曲线（DTA 曲线）。

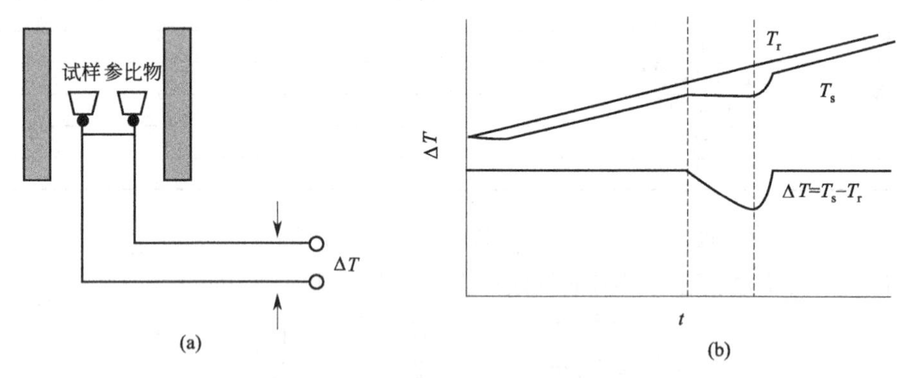

图 3-10-1　差热分析原理图（a）及差热分析曲线（b）

如前所述，差热分析仪采集样品和参比物之间的温差随温度及时间变化的数据，并通过计算机对实验结果进行计算、处理，完成 DTA 曲线的绘制。如图 3-10-1 所示，用 T_s、T_r 分别表示试样和参比物的温度，记录温度差 $\Delta T = T_s - T_r$ 随温度或时间变化的函数得到的曲线即为 DTA 曲线。其数学表示如下：

$$\Delta T = F(T) \text{或} F(t) \tag{3-10-1}$$

式中　ΔT——试样与参比物间的温度差，K；

T——温度，K；

t——时间，s。

在进行差热分析时，可根据DTA曲线中峰的数目、位置、方向、高度、宽度、对称性及峰面积进行分析。峰的数目代表在测定温度范围内，试样发生物理或化学变化的次数；峰的位置标志着试样发生变化的转化温度；峰的方向指示了过程是吸热还是放热；峰面积的大小反映了在相同测定条件下，热效应的大小。峰的高度、宽度、对称性除与测试条件有关外，往往还与样品变化过程的动力学因素有关。因此实际实验测得的差热图比理想的差热图复杂得多。理论上讲，可通过峰面积的测量对物质进行定量分析，但因影响差热分析的因素较多，定量难以准确。

差热分析仪结构组成如图3-10-2所示，其中包括加热器、温度控制仪、放置样品和参比物的坩埚、温度控制仪、测温热电偶、差热分析仪和计算机等。按照系统功能划分，差热分析仪由加热系统、温度控制系统、信号放大系统、差热系统和记录系统等组成。加热系统提供测试所需的炉体温度条件，系统中的加热元件及炉芯材料根据测试范围的不同而进行选择；温度控制系统用于控制测试时的加热条件，如升温速率、温度测试范围等；差热系统为整个装置的核心部分，由样品室、试样坩埚、热电偶等组成。其中热电偶为热分析测温及传输信号工具，为关键性元件；记录系统用于自动记录输出数据，并可对测试结果进行分析。

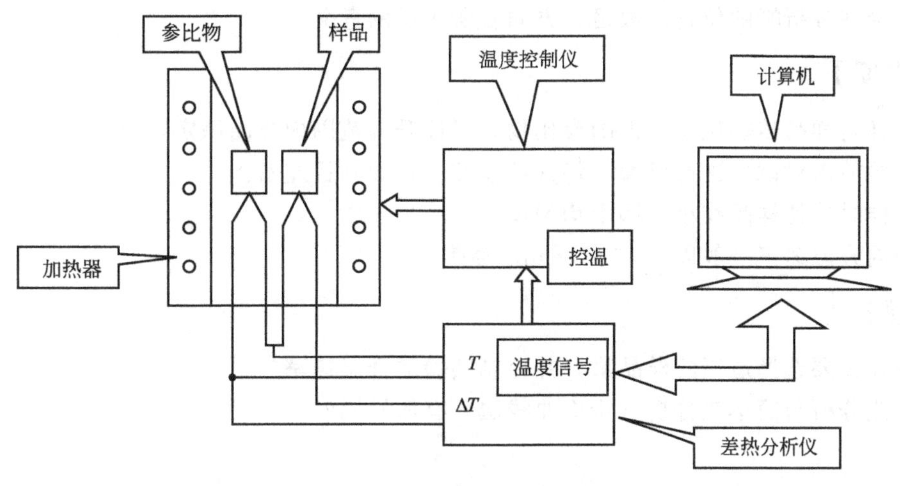

图3-10-2　差热分析仪结构组成图

【仪器、试剂及材料】

仪器：差热分析仪一套（包括差热炉、自动平衡记录仪、调压器、铝制小坩埚、镊子），分析天平。

试剂：$CuSO_4 \cdot 5H_2O$（A. R.），α-Al_2O_3（A. R.）。

材料：乳胶管。

【安全须知和废弃物处理】

1. 实验室中需穿戴普通棉纱实验服、防护目镜或面罩。

2. 严格按照操作规程使用差热分析仪，注意保护样品支架，取用坩埚不要徒手拿取，使用镊子或者隔热手套，注意烫伤。

3. 处理盐类样品时需戴丁腈橡胶手套，小心操作，不要洒漏。硫酸铜等可能刺激皮肤，若发生皮肤沾染，用水冲洗沾染部位。

4. 固体废渣、碎屑倒入固定的固体废弃物桶。

【实验步骤】

(1) 接通仪器电源，打开仪器和冷却水开关进行预热，预热约 30min 后对仪器进行调零。

(2) 分别准确称取 5～7mg 的样品 $CuSO_4 \cdot 5H_2O$ 和参比物 α-Al_2O_3，并分别置于两个小坩埚中。打开电炉，将装有样品的坩埚置于样品杆上的左侧托盘上，将装有参比物的坩埚置于右侧的托盘上。缓慢转动手柄，令加热炉体缓慢下降。

(3) 打开冷凝水，将升温速率调至 8～10℃/min 之间，打开仪器开关，按要求进行采样。

(4) 采样结束后停止采样，保存样品采样曲线。

(5) 待电炉温度降至室温后，取出样品坩埚和参比物坩埚，关闭电炉和冷却水。

【数据记录与处理】

1. 记录样品差热图中各峰的起始温度和峰温。
2. 记录并分析峰的位置、数目、方向及所表示的意义。

【注意事项】

1. 选择与样品传热性质相近的参比物，保证升温范围内样品稳定，且不发生任何反应。
2. 实验前需对试样进行研磨，将其粒度控制在 200 目左右。
3. 装样时应使样品在小坩埚中均匀填充。
4. 炉内升温速率一般以 8～10℃/min 为宜。

【思考题】

1. 为什么要选择适当的样品量，并控制实验的升温速率？
2. 差热分析与简单热分析（步冷曲线法）有何异同？

Ⅱ　电化学实验

实验 11　电动势的测定及其应用

【实验目的】

1. 熟悉盐桥的制备方法和盐桥的用途。
2. 了解补偿法（对消法）原理，掌握电位差仪的使用方法。
3. 掌握几种金属电极的电极电势的测定方法。

【实验原理】

1. 可逆电池热力学

将化学能转变成电能的装置称为原电池。若这种能量的转换是以热力学可逆方式进行的，则称之为可逆电池，可逆电池必须具备以下条件：(1) 电池中各电极反应是可以逆向进行的；(2) 必须在非常接近平衡状态下工作，通过的电流无限小。从化学热力学可知，在恒温、恒压、可逆条件下，电池反应有以下关系：

$$\Delta_r G_m = -zFE \tag{3-11-1}$$

式中 $\Delta_r G_m$——电池反应的摩尔吉布斯自由能增量；

z——电极反应中得失电子的数量；

F——法拉第常数，96500C·mol^{-1}；

E——电池的电动势。

为求得 $\Delta_r G_m$，需要测出该电池的电动势 E，进而又可求出其他热力学参数。

(1) 电极电势的测定，以铜-锌电池为例，电池表示式为：

$$Zn|ZnSO_4(0.1mol\cdot kg^{-1})||CuSO_4(0.1mol\cdot kg^{-1})|Cu$$

其中，单竖线表示两相界面，双竖线表示盐桥。当电池放电时：

负极反应 $Zn \longrightarrow Zn^{2+}(\alpha_{Zn^{2+}})+2e^-$

正极反应 $Cu^{2+}(\alpha_{Cu^{2+}})+2e^- \longrightarrow Cu$

电池反应 $Zn+Cu^{2+}(\alpha_{Cu^{2+}}) \longrightarrow Cu+Zn^{2+}(\alpha_{Zn^{2+}})$

电池反应的摩尔吉布斯自由能变化为

$$\Delta_r G_m = \Delta_r G_m^{\ominus} + RT\ln\frac{\alpha_{Zn^{2+}}\alpha_{Cu}}{\alpha_{Cu^{2+}}\alpha_{Zn}} \tag{3-11-2}$$

式中 $\Delta_r G_m^{\ominus}$——标准摩尔吉布斯自由能变化；

α——各物质的活度。

若参与电池反应的各物质均处于标准态，则：

$$\Delta_r G_m^{\ominus} = -zFE^{\ominus} \tag{3-11-3}$$

式中 $E^{\ominus}$——电池的标准电动势。

由式(3-11-1)、式(3-11-2)、式(3-11-3) 可得铜-锌电池的能斯特方程为：

$$E = E^{\ominus} - \frac{RT}{zF}\ln\frac{\alpha_{Zn^{2+}}\alpha_{Cu}}{\alpha_{Cu^{2+}}\alpha_{Zn}} \tag{3-11-4}$$

对于任意电池，其电动势等于两个电极电势之差值

$$E = \varphi_+ - \varphi_- \tag{3-11-5}$$

对铜-锌电池而言

$$\varphi_+ = \varphi^{\ominus}_{Cu/Cu^{2+}} - \frac{RT}{2F}\ln\frac{1}{\alpha_{Cu^{2+}}} \tag{3-11-6}$$

$$\varphi_- = \varphi^{\ominus}_{Zn/Zn^{2+}} - \frac{RT}{2F}\ln\frac{1}{\alpha_{Zn^{2+}}} \tag{3-11-7}$$

式中 $\varphi^{\ominus}_{Cu/Cu^{2+}}$——铜电极的标准电极电势；

$\varphi^{\ominus}_{Zn/Zn^{2+}}$——锌电极的标准电极电势。

由化学反应等温式：$$\Delta_r G_m^{\ominus} = -RT\ln K^{\ominus} \tag{3-11-8}$$

根据电池的标准电动势 $E^{\ominus}$ 可以计算电池反应的平衡常数 $K^{\ominus}$

$$\ln K^{\ominus} = \frac{zF}{RT}E^{\ominus} \quad 或者 \quad K^{\ominus} = \exp\left(\frac{zF}{RT}E^{\ominus}\right) \tag{3-11-9}$$

（2）难溶盐溶度积的测定可设计如下电池：

$Ag(s)\text{-}AgCl(s)|HCl(0.1000mol \cdot kg^{-1})||AgNO_3(0.1000mol \cdot kg^{-1})|Ag(s)$

银电极反应：$Ag^+ + e^- \longrightarrow Ag$

银-氯化银电极反应：$Ag + Cl^- \longrightarrow AgCl + e^-$

电池反应：$Ag^+ + Cl^- \longrightarrow AgCl$

$$E = E^{\ominus} - \frac{RT}{F}\ln\frac{1}{\alpha_{Ag^+}\alpha_{Cl^-}} \tag{3-11-10}$$

$$E^{\ominus} = E + \frac{RT}{F}\ln\frac{1}{\alpha_{Ag^+}\alpha_{Cl^-}} \tag{3-11-11}$$

$$\Delta_r G_m^{\ominus} = -nFE^{\ominus} = -RT\ln\frac{1}{K_{sp}} \tag{3-11-12}$$

式(3-11-12）中 $n=1$，在纯水中，AgCl 溶解度极小，所以活度积就等于溶度积。因此：

$$-E^{\ominus} = \frac{RT}{F}\ln K_{sp} \tag{3-11-13}$$

将式(3-11-13）代入式(3-11-11）可得：

$$\ln K_{sp} = \ln\alpha_{Ag^+} + \ln\alpha_{Cl^-} - \frac{EF}{RT} \tag{3-11-14}$$

所以只要测得该电池的电动势 E 就可根据上式求得 AgCl 的 K_{sp}。

2. 电动势测量原理

电池电动势的测量在物理化学研究中占有重要的地位，并且应用广泛。通过电池电动势的测量可以求得平衡常数、活度系数、介电常数等。

原电池的电动势的测定必须在可逆条件下进行，不能使用伏特计来测量，当电池和伏特计接通后有电流通过，半电池中将发生化学反应，电极会发生极化，溶液浓度也会改变，使半电池电势不能保持稳定。另外电池本身有内阻，伏特计所测量的是不可逆电池的端电压。所以采用对消法（补偿法）可以使电池在无电流或电流无限小时，测定电池的电动势。图 3-11-1 是对消法测定电池电动势的原理示意图。

如图 3-11-1 所示，E_w 为工作电池，R 为可变电阻，AB 为均匀的可变电阻，E_s 为标准电池，G 为高灵敏检流计，E_x 为待测电池，K_1 和 K_2 分别是控制 E_s 和 E_x 的开关，C 为可在 AB 上移动的接触点。

对消法测定原理如下：先调节均匀电阻的位置到 D 点，接通 K_1，迅速调节可变电阻 R，使电流计 G 指示为 0，标准电池 E_s 的电动势与 AD 段的电势降正负极相反而对消，这时标准电池的电动势 $E_s=1.0000V=AD$ 段对应的电势降。固定 R，将 K_2 接通，调节均匀电阻的位置到 C 点，使电流计 G 指示为 0，这时未知电池的电动势与 AC 段的电势降等值方向对消，$E_x=AC$ 段对应的电势降。

因均匀可变电阻的电势降与其长度成正比，于是待测电池的电动势可以表示为：$E_x/E_s=AC/AD$；其中标准电池 $E_s=1.0000V$，所以 $E_x=AC/AD$。

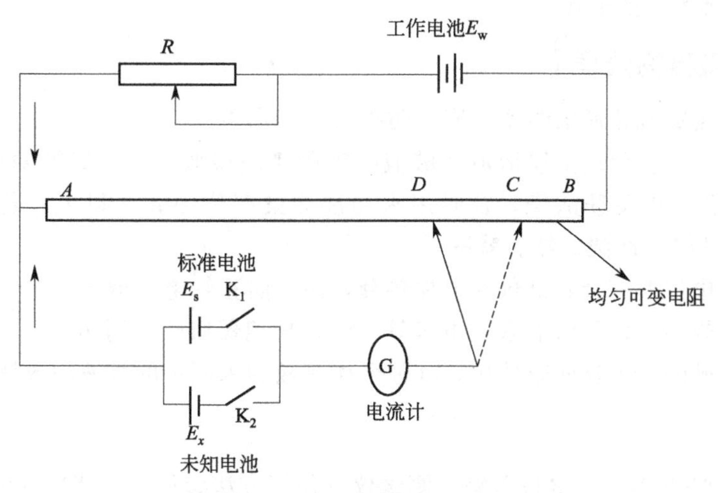

图 3-11-1 电池电动势测定的实验原理图

3. 盐桥

当原电池存在两种电解质界面时，便产生一种称为液体接界电势的电动势，使电池达不到可逆电池的条件，因此常用盐桥来减小液体接界电势（图 3-11-2）。盐桥的作用是在两个半电池之间构成电荷输送回路，通常用正、负离子迁移数比较接近的盐类溶液，如饱和氯化钾溶液，当它与另一种较稀溶液相接界时，主要是盐桥溶液向稀溶液扩散，因此减少了液接电势。应注意盐桥溶液不能与两端电池溶液发生相应的反应。

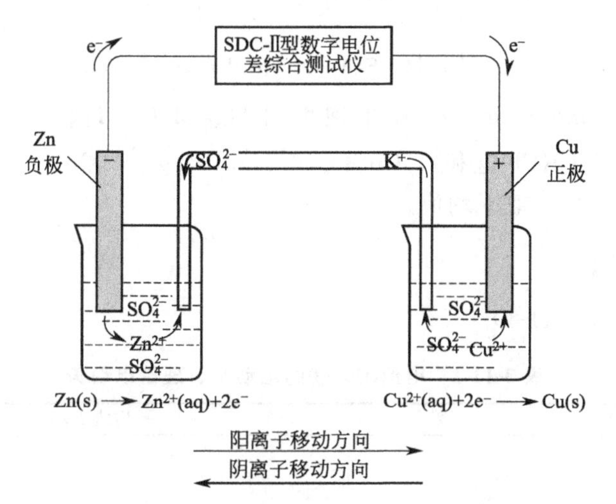

图 3-11-2 化学电池示例：铜-锌原电池

【仪器、试剂及材料】

仪器：SDC-Ⅱ型数字电位差综合测试仪（南京桑力电子设备厂），饱和甘汞电极，铜电极，锌电极，U形玻璃管（盐桥管），烧杯（50mL、100mL），容量瓶（50mL），电加热套，分析天平，电炉（公用）。

试剂：KCl（A.R.），饱和 KCl 溶液，$CuSO_4 \cdot 5H_2O$（A.R.），$ZnSO_4 \cdot 7H_2O$（A.R.），HNO_3（$4mol \cdot L^{-1}$），无水乙醇，琼脂（A.R.），纯水。

材料：金相砂纸，滤纸片。

【安全须知和废弃物处理】

1. 实验室中需穿戴普通棉纱实验服、防护目镜或面罩。

2. 取用化学试剂、处理金属溶液和酸液时需戴丁腈橡胶手套，硝酸对眼睛、黏膜和皮肤有刺激作用，若发生皮肤沾染，及时用水冲洗沾染部位 10min 以上；若发生眼睛接触，应提起眼睑，用洗眼器冲洗，然后就医。

3. 正确使用电位差综合测试仪和电加热套，注意防止触电和烫伤。

4. 小心使用烧杯、U 形管和各类电极等，防止玻璃器皿破损划伤。

5. 本实验中硝酸可重复回收使用，其他金属废液倒入固定的废液回收桶。

【实验步骤】

（1）打开 SDC-Ⅱ型数字电位差综合测试仪（使用方法参见 2.3 节）的电源，预热仪器。

（2）制备盐桥：在 100mL 烧杯中加入 60mL 水、4g 氯化钾，溶解后，在玻璃棒搅拌下加入 1g 琼脂（溶液浑浊），加热煮沸至溶液透明（琼脂溶解），趁热，利用滴管将琼脂溶液滴加至 U 形管中，开口向上，待溶液冷却凝固后使用。

（3）用金相砂纸打磨铜、锌电极，用 $4mol \cdot L^{-1}$ 的硝酸溶液清洗电极表面的氧化物和杂质，并用纯水清洗后备用。

（4）配制好相应浓度的溶液，放置 15min 待电极和溶液界面达到平衡后，按照以下电池的组合方式，连接不同的半电池。将组装好的电池接入 SDC-Ⅱ型数字电位差综合测试仪，测定相应的电动势。

① $Zn|ZnSO_4(0.1mol \cdot kg^{-1})||CuSO_4(0.1mol \cdot kg^{-1})|Cu$

② $Zn|ZnSO_4(0.1mol \cdot kg^{-1})||$KCl(饱和)$|Hg_2Cl_2(s)|Hg$

③ $Hg|Hg_2Cl_2(s)|$KCl(饱和)$||CuSO_4(0.1mol \cdot kg^{-1})|Cu$

（5）每组电池测三次，取平均值。

【数据记录与处理】

实验数据记录（表 3-11-1）

表 3-11-1　电池①②③的电动势、理论电动势

	1	2	3	平均值 E/V	理论计算值 E/V
电池①					
电池②					
电池③					

【注意事项】

1. 电池和电位差仪连接线路时，应注意电极的极性，切勿将正负极接错。

2. 制备盐桥时注意 U 形管不能有气泡。

3. 标准电池电极使用过程中避免振动。

【思考题】

1. 盐桥有什么作用？选用作盐桥的物质应遵循什么原则？

2. 可逆电池应满足的条件是什么？

实验 12 缓蚀剂的电化学评价

【实验目的】

1. 了解缓蚀剂对金属的缓蚀机理。
2. 理解采用电化学分析法对缓蚀剂的评价。
3. 掌握用恒电位法测定极化曲线的方法。

【实验原理】

碳钢在油田采出水中的腐蚀是电化学反应过程。在石油工程中，有机酸是普遍存在的，其中以醋酸的含量为最大，可以达到50%以上，因此，碳钢在油田采出水中的腐蚀主要由阴极过程控制。通过对应的极化电势和极化电流的测定获得阳极极化曲线和阴极极化曲线。将阳极、阴极极化曲线的直线部分外延，所得交点对应的横坐标即为腐蚀电流密度的对数，由此得到腐蚀电流密度，再根据法拉第定律求得腐蚀速度，通过对加入和未加入缓蚀剂的腐蚀电流密度进行计算，从而得到缓蚀率。通过对缓蚀剂加入前后腐蚀电位和极化曲线形状改变的判断，可以确定缓蚀剂的作用类型。也可在线性极化区，由电流密度与电位的线性关系，计算得到极化电阻，再根据加入和未加入缓蚀剂的极化电阻值计算获得缓蚀率。

恒电位法或动电位极化法是常用的电化学分析技术。图 3-12-1 为极化曲线装置测试的工作示意图，仪器主要的组成部分包括恒电位仪、参比电极（RE）、工作电极（WE）、辅助电极（CE）。

采用纯铁作为工作电极的制作材料，将其加工成直径（10.0±0.2）mm、高（5.0±0.2）mm 的圆柱体。将直径为 1mm 的铜导线焊牢在工作电极的一端，使用 200＃砂纸对工作面进行打磨，再用 W7 金相砂纸将工作面磨至镜面，用丙酮将表面的油污及焊接残留焊药擦净后，将其镶嵌于聚四氟乙烯绝缘块中，露出工作电极下部工作面，使用环氧树脂在焊点端面固化密封，使用无水乙醇将样品表面油污处理洁净，测量面积后置于干燥器中备用。

采用电化学三电极系统对金属的阴极和阳极极化曲线进行测定。三电极包括工作电极、辅助电极和参比电极。实验中被研究的电极称为工作电极。与工作电极构成回路的电极称为辅助电极。参比电极是具有已知恒定的电极电势且稳定的可逆电极，在电极电势测量时参比电极可作为参照比较。在极化曲线测定实验过程中，通过恒电位仪控制输出的电流、电压大小，实验装置如图 3-12-1 所示。

根据恒电位法或动电位极化法记录实验过程中的电位值或电流值之变化情形，可得一典型的极化曲线。如图 3-12-2 所示，图中曲线可分为阴极极化曲线与阳极极化曲线，其中，阴极极化曲线代表整个实验过程中的氢气不断析出（还原反应）：$2H^{+}+2e^{-} \rightleftharpoons H_2$，而阳极极化曲线代表金属（试片）的不断溶解（氧化反应）：$M \rightleftharpoons M^{n+}+ne^{-}$。

阴极极化曲线与阳极极化曲线交点为金属的腐蚀电位（E_{corr}），腐蚀电位是指在没有外加电流时金属达到稳定腐蚀状态时测得的电位，也称自腐蚀电位。腐蚀电流的求得有两种方法：塔菲尔外插法，线性极化法（又称为极化电阻法）。在使用塔菲尔外插法时，腐蚀电位

±50mV 区域附近可得一线性区域，这个区域称为塔菲尔直线区。将阴极与阳极极化曲线塔菲尔直线区的切线（β_a、β_c）外延，理论上应交于一点，该点的横坐标即为腐蚀电流密度（I_{corr}）的对数，腐蚀电流密度（I_{corr}）可反映腐蚀速率。

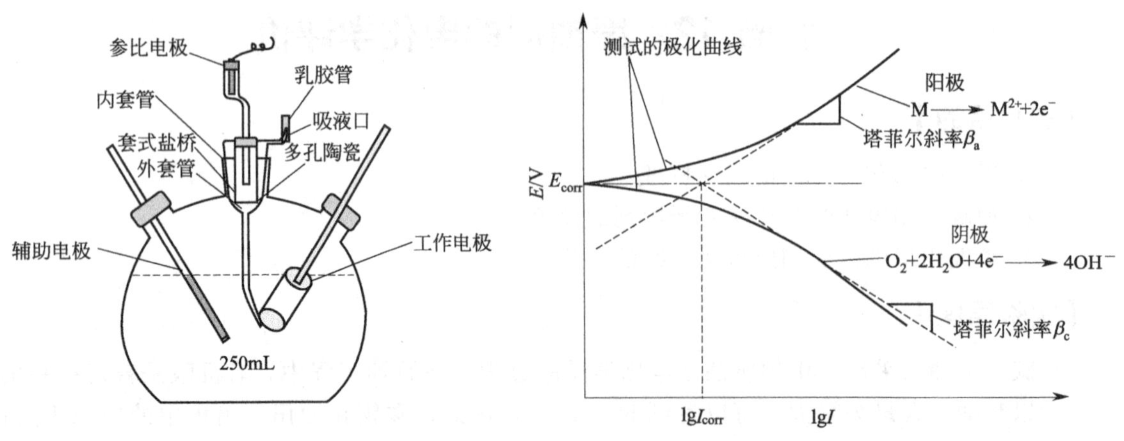

图 3-12-1　极化曲线测定电化学池示意图　　　　图 3-12-2　理想阴极和阳极极化曲线图

但在日常的实验和使用过程中，腐蚀电位±50mV 的极化曲线区域可能不是线性关系。此时可以使用线性极化法，在低电流时，电压与电流的对数有塔菲尔公式的线性关系，而在电流更低时，大约在腐蚀电位±10mV 的范围内，外加电压与电流密度也会呈线性关系，因此腐蚀电流密度（I_{corr}）可由下列公式计算得到。

$$R_p=\frac{\Delta E}{\Delta I}=\frac{\beta_a\beta_c}{2.3I_{corr}(\beta_a+\beta_c)} \tag{3-12-1}$$

式中　R_p——极化电阻；

β_a——阳极曲线塔菲尔斜率；

β_c——阴极曲线塔菲尔斜率。

【仪器、试剂及材料】

仪器：恒电位仪（精度为 0.1mV），辅助电极（石墨电极或铂电极），参比电极（饱和甘汞电极），U 形玻璃管（盐桥管），恒温水浴，电解池（$250cm^3$ 四颈烧瓶，可用具有相似功能的可密封玻璃容器代替）1 个，氮气钢瓶 1 套。

试剂：NaCl 溶液，HCl 溶液，H_2SO_4 溶液，无水乙醇，丙酮，油田用缓蚀剂（FMO、OP-10、SIM-1）。

材料：滤纸片。

【安全须知和废弃物处理】

1. 实验室中需穿戴普通棉纱实验服、防护目镜或面罩。

2. 丙酮、盐酸、硫酸溶液等对眼睛、黏膜和皮肤有刺激作用，在使用时需戴丁腈橡胶手套和实验口罩。若发生皮肤沾染，及时用肥皂水或清水冲洗沾染部位 10min 以上；若发生眼睛接触，应提起眼睑，用洗眼器冲洗，然后就医。

3. 保持实验室处于良好的通风状态，开启通风设备。

4. 遵守高压气体操作规范，不能将高压气体出口对准人体。

5. 正确使用恒电位仪和恒温水浴等，注意防止触电和水溢出。

6. 小心使用烧瓶、各类电极等，防止玻璃器皿破损划伤。

7. 金属废液、废酸液和无机废液等分类倒入固定的废液回收桶。

【实验步骤】

1. 强极化区极化曲线测定

实验介质组成为：3% NaCl、0.1mol·L^{-1}HCl。实验过程中，电解池使用氮气氛围进行保护。

使用移液管将一定质量浓度的油田用缓蚀剂溶液加入电解池中，按图 3-12-1 所示，将工作电极、辅助电极、参比电极和盐桥装入电解池对应位置中。检查、确认安装无误后，打开恒电位仪电源开关使电极预热。将一定体积的实验介质加入上述电解池中，通氮气除氧30min，并将电解池置于已恒温的水浴锅中。

将恒电位仪的功能置于动电位扫描法（塔菲尔曲线），设置扫描参数。扫描幅度为 E_0（开路电位）±150mV，扫描速度为 0.1mV·s^{-1}，延迟时间为 60s。待体系的自然腐蚀电位稳定后（5min 内 E_0 波动不超过±1mV），记下开路电位 E_0，按软件说明进行阴极扫描，即 E_0 从−150mV 扫描至+150mV，然后保存数据并利用软件附带功能计算阴、阳极塔菲尔斜率以及腐蚀电位（E_{corr}）、腐蚀电流密度（I_{corr}）、腐蚀速率、极化电阻等值并做好数据记录。

2. 缓蚀剂评价

先在空白溶液中测量一条极化曲线，随后分别加入相同浓度的不同缓蚀剂试液，在相同的测试条件下重新进行动电位扫描，保存数据后利用软件附带功能对阴、阳极塔菲尔斜率以及腐蚀电位（E_{corr}）、腐蚀电流密度（I_{corr}）、腐蚀速率、极化电阻等值进行计算并做好数据记录。通过下列缓蚀率计算公式算出不同浓度缓蚀剂的缓蚀率。

$$\eta=\frac{I_{corr}}{I'_{corr}}\times 100\% \tag{3-12-2}$$

式中　η——缓蚀率，%；

I_{corr}——空白溶液中电极表面的腐蚀电流密度，mA·cm^{-2}；

I'_{corr}——添加缓蚀剂的溶液中电极表面的腐蚀电流密度，mA·cm^{-2}。

【数据记录与处理】

1. 准确记录实验数据。

2. 通过对腐蚀电位、腐蚀电流密度等数据进行测定，比较极化电阻和腐蚀电流的大小，计算腐蚀速率，以此测定油田用缓蚀剂的缓蚀性能。

【注意事项】

1. 恒电位仪线路连接时，切勿将辅助电极、参比电极、工作电极的正负极接错。

2. 电动势测定前，应先将电化学池中的溶液恒温，再进行电动势测定。

3. 每支工作电极底端都应仔细打磨成镜面。

【思考题】

1. 极化曲线中，阴极极化曲线和阳极极化曲线有什么区别?

2. 塔菲尔外插法与线性极化法的优缺点分别是什么？

实验 13　氟离子选择电极测定氢氟酸解离常数

【实验目的】

1. 了解玻璃电极和氟电极的结构及工作原理。
2. 掌握氟离子选择电极测氢氟酸解离常数的基本原理。
3. 掌握 pH 计测溶液的 pH 值及电动势的原理及使用方法。

【实验原理】

1. 氟电极简介

氟电极是由氟化镧晶体制成的离子交换膜，对 F^- 具有特别高的选择性。其结构如图 3-13-1 所示。当溶液 pH 过高时，OH^- 浓度过高会引起单晶膜中 La^{3+} 水解，影响电极的响应；pH 过低又会形成 HF 和 HF_2^-，而降低氟离子的浓度和活度。因此若要对氟含量进行分析，需要保持 pH＝5～6，以保证所有的氟元素均以离子状态存在，从而全部对氟电极产生响应。

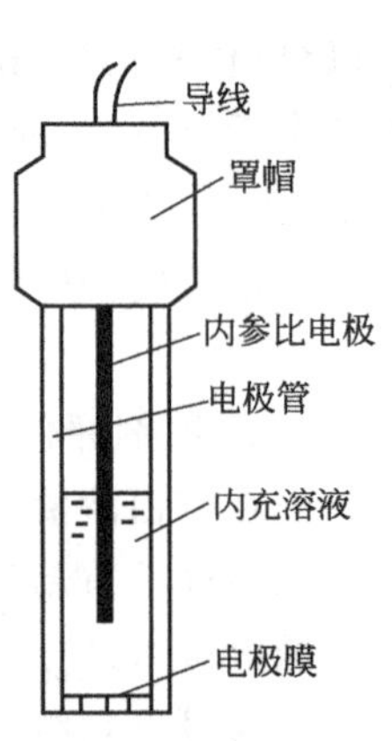

图 3-13-1　氟电极结构示意图

由于氟电极 F^- 产生响应时不受氢离子的干扰，对 HF 和 HF_2^- 也不产生应答，因而可以在酸性溶液中测定 F^- 的浓度，这就为利用氟离子选择电极测定氢氟酸常数创造了条件。

为测定一定温度下 HF 的解离常数，在本实验中将氟电极和甘汞电极组成下列两电池：

(1) (－)氟电极｜氟化钠溶液‖饱和甘汞电极(＋)

(2) (－)氟电极｜盐酸＋氟化钠溶液‖饱和甘汞电极(＋)

在电池 (1) 的溶液中（中性溶液），NaF 的浓度约 $2\times10^{-3}\text{mol}\cdot\text{L}^{-1}$，可认为在这样稀的中性溶液中 NaF 能完全电离，可以测得对应于总氟的浓度 $c(F_T^-)$ 等于氟离子的浓度为 $c(F_T^-)$ 时电池的电动势 E_1。如果在相同总氟浓度的溶液中加酸，则 HF 和 HF_2^- 的生成会降低游离氟离子的浓度，这时可测得对应于降低了的游离氟离子的浓度为 $c(F^-)$ 时电池的电动势 E_2。

当温度一定时，两电池的电动势计算如下：

$$E_1=\varphi_{甘汞}-\left[\varphi^{\ominus}-\frac{RT}{F}\ln c(F_T^-)\right]=常数+S\lg c(F_T^-) \tag{3-13-1}$$

$$E_2=\varphi_{甘汞}-\left[\varphi^{\ominus}-\frac{RT}{F}\ln c(F^-)\right]=常数+S\lg c(F^-) \tag{3-13-2}$$

式中　S——氟电极的应答系数，通常实测值与理论值相符合，$S=2.303RT/F$。

式(3-13-2) 减去式(3-13-1) 得到：

$$\frac{E_1-E_2}{S}=\lg\frac{c(F_T^-)}{c(F^-)} \tag{3-13-3}$$

2. 氢氟酸解离常数的测定

在加酸后的含氟溶液中存在下列平衡：

$$HF \rightleftharpoons H^+ + F^-$$

$$K_c = \frac{c(H^+)c(F^-)}{c(HF)} \tag{3-13-4}$$

$$HF + F^- \rightleftharpoons HF_2^-$$

$$K_f = \frac{c(HF_2^-)}{c(HF)c(F^-)} \tag{3-13-5}$$

溶液中总氟浓度为：

$$c(F_T^-) = c(F^-) + c(HF) + 2c(HF_2^-) \tag{3-13-6}$$

忽略 $2c(HF_2^-)$项，并将式(3-13-4) 代入式(3-13-6)，可以得到：

$$c(F_T^-) - c(F^-) = \frac{c(H^+)c(F^-)}{K_c} \tag{3-13-7}$$

将式(3-13-7) 取对数可得：

$$\lg[c(F_T^-) - c(F^-)] - \lg c(F^-) = \lg c(H^+) - \lg K_c \tag{3-13-8}$$

在酸性溶液中 $c(F^-)$ 很小，与 $c(F_T^-)$ 相比可以忽略，这时式(3-13-8) 可写成：

$$\lg\frac{c(F_T^-)}{c(F^-)} = pH - \lg K_c \tag{3-13-9}$$

将式(3-13-3) 代入式(3-13-9) 可得：

$$-\left(\frac{E_1 - E_2}{S}\right) = -pH + \lg K_c \tag{3-13-10}$$

式中　E_1——溶液未加酸时电池（1）的电动势；

E_2——加酸后电池（2）的电动势。

因此，在不加酸时测得 E_1，然后测得加酸后不同酸度下的 E_2 及 pH，以 $-(E_1-E_2)/S$ 为纵坐标，以 pH 值为横坐标作图，所得直线在纵坐标轴上的截距即为 $\lg K_c$。

【仪器、试剂及材料】

仪器：pHS-3C 数字式酸度计，氟离子选择电极，玻璃电极，聚乙烯塑料烧杯（100mL），量筒（50mL、10mL），刻度移液管（10mL、2mL）。

试剂：NaF 溶液（$0.01mol \cdot L^{-1}$），KCl 溶液（$0.5mol \cdot L^{-1}$），HCl 溶液（$2mol \cdot L^{-1}$），HCl（$0.2mol \cdot L^{-1}$）溶液，pH=4.0 标准缓冲溶液。

材料：滤纸片，广泛 pH 试纸。

【安全须知和废弃物处理】

1. 实验室中需穿戴普通棉纱实验服、防护目镜或面罩。

2. 取用化学试剂、处理金属溶液和酸液时需戴丁腈橡胶手套，盐酸和 NaF 溶液对眼睛、黏膜和皮肤有刺激作用，若发生皮肤沾染，及时用水冲洗沾染部位 10min 以上；若发生眼睛接触，应提起眼睑，用洗眼器冲洗，然后就医。

3. NaF 溶液的盛装使用塑料容器。小心使用烧杯、量筒和各类电极等，防止玻璃器皿破损划伤。

4. 本实验中标准缓冲溶液可重复回收使用，其他金属废液等倒入固定的废液回收桶。

【实验步骤】

(1) 氟电极的准备。氟电极在使用前浸泡在 1×10^{-1}mol·L^{-1}NaF 溶液中活化约 30min。用纯水清洗数次直至测得的电位值约为－300mV 方可使用（各支电极的本底值不同，由电极的生产厂标明）。

(2) 洗净塑料烧杯 7 只，按表 3-13-1 规定配制各种溶液 50mL。

(3) 按 pH 计使用方法（使用方法参见 2.4 节）校准好 pH 计后，用 pH＝4.0 的标准缓冲溶液定位，从 7 号溶液开始，按编号由大到小顺序逐个测定各溶液的 pH 值，记录于表 3-13-1 中。

(4) 用氟电极取代玻璃电极，从 7 号溶液开始，按编号由大到小的顺序逐个测定各电池的电动势。

(5) 清洗电极。测定结束后，用纯水清洗至电动势值与起始空白电势值相近，擦干保存。

【数据记录与处理】

1. 实验数据记录

表 3-13-1　各溶液组成和电动势的测量值

溶液编号	1	2	3	4	5	6	7
设定的 pH 值	1.0	1.2	1.4	1.6	1.8	2.0	中性
0.01mol·L^{-1}NaF 的体积/mL	10	10	10	10	10	10	10
0.5mol·L^{-1}KCl 的体积/mL	10	10	10	10	10	10	10
2mol·L^{-1}HCl 的体积/mL	≈4	≈2.0	≈1.5	≈1.0	≈0.8	≈0.5	—
0.2mol·L^{-1}HCl 的体积/mL	—	—	—	—	—	≈0.5	—
水的体积/mL	≈25	≈27	≈28	≈28	≈29	≈29	≈30
实测 pH 值							
实测电动势/mV							
$-(E_1-E_2)/S$							

2. 以 $-(E_1-E_2)/S$ 对 pH 值作图，从所得直线的截距求 $\lg K_c$ 及 K_c。

【注意事项】

1. 测定溶液 pH 值和电动势时应注意按编号由大到小的顺序逐个测定。

2. 实验中测出的电势值需反号。

【思考题】

1. 本实验的数据处理作了哪些假定？这些假定在什么条件才合理？

2. 为什么在不加酸的中性稀溶液中可假定总氟的浓度和氟离子的浓度相等？试从测得的氢氟酸的电离常数、7 号溶液的 pH 值及 $c(F^-)$ 估计这时的 c(HF) 是否可忽略。

3. 本实验两个原电池的电动势的计算公式相同吗？在溶液中加 0.5mol·L^{-1} 的 KCl 的作用是什么？

实验 14　离子迁移数的测定

【实验目的】

1. 掌握希托夫法测定离子迁移数的原理和 LQY 离子迁移数测定装置的使用方法，特别是铜库仑电量计的使用方法。

2. 理解迁移数的概念和测量原理。

3. 了解希托夫管的构造及测量原理。

【实验原理】

电解质溶液的导电是离子在电场作用下运动的结果，在电解质中，当有电流通过时，正、负离子均参与导电，阳离子向阴极迁移，阴离子向阳极迁移，由于阴、阳离子在溶液中的迁移速度不同，所以搬运电荷的量也不相同，但通过电解质溶液的总电量为两者迁移电量之和，现设定阴、阳离子搬运电量分别为 Q_- 和 Q_+，则总电量为：

$$Q_{总}=Q_-+Q_+$$

在物理化学中，对于电解质溶液的导电机理的研究，用离子迁移数更为直观，通常将一种离子迁移的电量与通过电解质溶液的总电量之比称为该种离子的迁移数，并以符号 t 表示。

阳离子迁移数：　$$t_+=\frac{Q_+}{Q_{总}},Q_+=z^+n_{+迁移}F$$

阴离子迁移数：　$$t_-=\frac{Q_-}{Q_{总}},Q_-=z^-n_{-迁移}F$$

并且 $t_++t_-=1$（其中，z^+、z^- 为正负离子所带电荷数，F 为法拉第常数）

测定迁移数的方法有两种，一种是界面移动法，另一种为电解法（即希托夫法）。本实验采用希托夫法测定 $CuSO_4$ 溶液中 Cu^{2+} 的迁移数。希托夫法测定离子迁移数的示意图如图 3-14-1 所示。

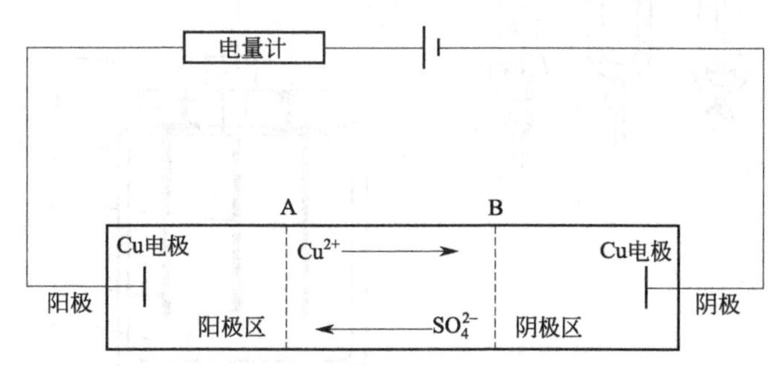

图 3-14-1　希托夫法测定离子迁移数的示意图

将已知浓度的 $CuSO_4$ 溶液装入迁移管中（注：迁移管中所用电极为铜电极），若有 Q 库仑电量通过体系，在阴极和阳极上分别发生如下反应：

阳极：　$$\frac{1}{2}Cu \longrightarrow \frac{1}{2}Cu^{2+}+e^- \tag{3-14-1}$$

阴极：$$\frac{1}{2}Cu^{2+} + e^- \longrightarrow \frac{1}{2}Cu \qquad (3\text{-}14\text{-}2)$$

此时，溶液中 Cu^{2+} 向阴极方向迁移，阴极上析出 Cu，电解后阴极区 Cu^{2+} 的物质的量 $n_{电解后}$（Cu^{2+}）计算如下：

$$n_{电解后}(Cu^{2+}) = n_{原始}(Cu^{2+}) + n_{迁移}(Cu^{2+}) - n_{析出}(Cu) \qquad (3\text{-}14\text{-}3)$$

则：$$n_{迁移}(Cu^{2+}) = n_{电解后}(Cu^{2+}) - n_{原始}(Cu^{2+}) + n_{析出}(Cu) \qquad (3\text{-}14\text{-}4)$$

另外，SO_4^{2-} 向阳极方向迁移，阳极附近产生 Cu^{2+}，这时电解后阴极处 SO_4^{2-} 的物质的量 $n_{电解后}$（SO_4^{2-}）计算如下：

$$n_{电解后}(SO_4^{2-}) = n_{原始}(SO_4^{2-}) + n_{迁移}(SO_4^{2-}) \qquad (3\text{-}14\text{-}5)$$

则：$$n_{迁移}(SO_4^{2-}) = n_{电解后}(SO_4^{2-}) - n_{原始}(SO_4^{2-}) \qquad (3\text{-}14\text{-}6)$$

电极反应与离子迁移引起的总结果是阴极区 $CuSO_4$ 浓度减小，阳极区的 $CuSO_4$ 浓度增大，且增加与减小的物质的量相等。由于流过小室中每一截面的电量相同，因此离开与进入假想中间区的 Cu^{2+} 数相同，SO_4^{2-} 数也相同，所以中间区的浓度在通电过程中保持不变。以阳极区 $CuSO_4$ 浓度的变化为对象，结合上述可得计算离子迁移数的公式如下：

$$t_{SO_4^{2-}} = \frac{n_{迁移}(SO_4^{2-}) \times 2 \times F}{Q_{总}} = \frac{[n_{电解后}(SO_4^{2-}) - n_{原始}(SO_4^{2-})] \times 2 \times F}{Q_{总}} \qquad (3\text{-}14\text{-}7)$$

$$t_{SO_4^{2-}} = 1 - t_{Cu^{2+}} \qquad (3\text{-}14\text{-}8)$$

式中　F——法拉第常数；

$Q_{总}$——总电量。

2 表示 SO_4^{2-} 所带电荷。$Q_{总}$由铜库仑电量计测定。铜库仑电量计中也是一个 $CuSO_4$ 的电解槽（一种特殊的电解槽，其电流效率为 100%），它和迁移管中 $CuSO_4$ 的电解池串联，其电路连接如图 3-14-2 所示。

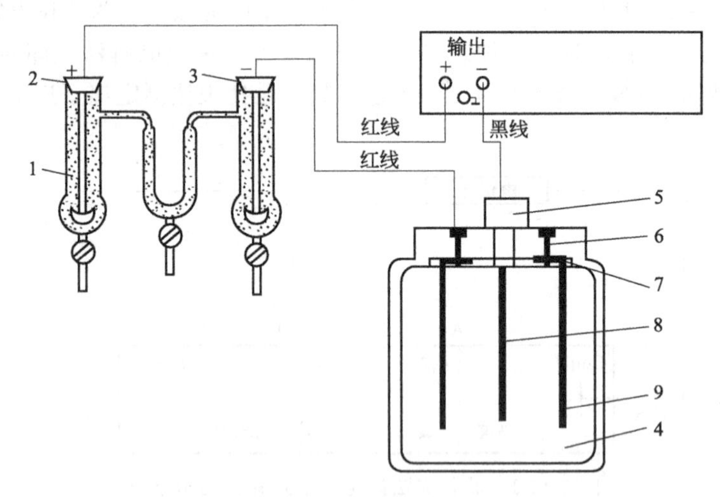

图 3-14-2　LQY 离子迁移数测定装置的电路连接图

1—Hb 迁移管（迁移管中电极为铜片）；2—阳极；3—阴极；4—库仑计；5—阴极插座；6—阳极插座；7—电极固定板；8—阴极铜片；9—阳极铜片

在串联电路中通过迁移管中 $CuSO_4$ 溶液的 $Q_{总}$和通过铜库仑电量计中 $CuSO_4$ 溶液的 $Q_{总}$是相同的。铜库仑电量计中阴、阳极所发生的反应同式(3-14-1) 和式(3-14-2)，阴极铜片中析出铜，其质量增大，通过铜库仑电量计中 $CuSO_4$ 溶液的 $Q_{总}$ 计算如下：

$$Q_{总}=z^{+}nF=2\times\frac{阴极铜片中析出铜的质量}{M_{Cu}}\times F \tag{3-14-9}$$

注意：式(3-14-9）中分母为 $0.5M_{Cu}$（M_{Cu} 为 Cu 的摩尔质量），是因为阴极反应式中带有 1/2，“阴极铜片上析出铜的质量”是指铜库仑电量计中的阴极铜片。

将式(3-14-9）代入式(3-14-7）得：

$$t_{SO_4^{2-}}=\frac{[n_{电解后}(CuSO_4)-n_{原始}(CuSO_4)]\times M_{Cu}}{阴极铜片中析出铜的质量} \tag{3-14-10}$$

电解前后 $CuSO_4$ 浓度变化（注意是阳极区的 $CuSO_4$ 浓度）由滴定法测定。首先在铜离子溶液中加入过量的碘化钾，铜离子把碘离子氧化成碘，生成的碘用硫代硫酸钠标准溶液滴定，从而间接求出铜离子的量。反应方程式如下：

$$2Cu^{2+}+4I^{-}\longrightarrow 2CuI+I_2 \tag{3-14-11}$$

$$I_2+2S_2O_3^{2-}\longrightarrow S_4O_6^{2-}+2I^{-} \tag{3-14-12}$$

【仪器、试剂及材料】

仪器：LQY 离子迁移数测定装置（南京桑力电子设备厂），希托夫迁移管，库仑计，锥形瓶（250mL），酸式滴定管，比重瓶（10mL），移液管（10mL、25mL），容量瓶（50mL）。

试剂：镀铜液（镀铜液配制方法：100mL 纯水中含 15g $CuSO_4\cdot 5H_2O$、5mL 浓硫酸、5mL 无水乙醇），$CuSO_4$ 溶液（$0.05mol\cdot L^{-1}$），KI 溶液（10%），乙酸溶液（$1mol\cdot L^{-1}$），标准硫代硫酸钠溶液（$0.05mol\cdot L^{-1}$），淀粉溶液（0.5%），HNO_3（$6mol\cdot L^{-1}$），无水乙醇（A.R.）。

材料：金相砂纸。

【安全须知和废弃物处理】

1. 实验室中需穿戴普通棉纱实验服、防护目镜或面罩。

2. 取用化学试剂、处理金属溶液和酸液时需戴丁腈橡胶手套，金属盐溶液、硝酸等对眼睛、黏膜和皮肤有刺激作用，若发生皮肤沾染，及时用水冲洗沾染部位 10min 以上；若发生眼睛接触，应提起眼睑，用洗眼器冲洗，然后就医。

3. 正确使用离子迁移数测定装置，注意防止触电。

4. 小心使用锥形瓶、滴定管和移液管等，防止玻璃器皿破损划伤。

5. 本实验中硝酸和镀铜液可重复回收使用，其他金属废液倒入固定的废液回收桶。

6. 使用过的砂纸和固体废渣、碎屑放入固体废弃物桶。

【实验步骤】

1. LQY 离子迁移数测定装置简介

LQY 离子迁移数测定装置的前面板示意图见图 3-14-3。

2. 具体实验操作步骤

(1) 洗净所有的容器，用少量 $0.05mol\cdot L^{-1}$ $CuSO_4$ 溶液洗涤希托夫迁移管 3 次，然后在迁移管中装满该溶液，注意迁移管中不应有气泡。

(2) 在库仑计中倒入镀铜液（液面以电极全部浸入镀铜液为准），将库仑计的阴极片放在 $6mol\cdot L^{-1}$ HNO_3 溶液中稍微洗涤一下，以除去表面的氧化层，用纯水冲洗后，再用无水乙醇淋洗一下，用热空气将其吹干。在天平上称重得 m_1，然后放入库仑计。

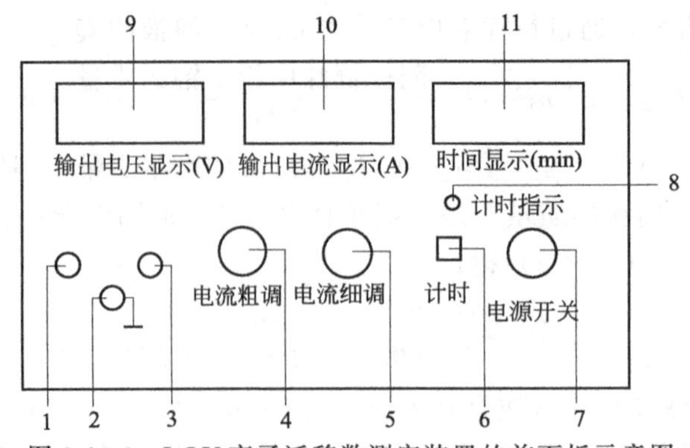

图 3-14-3 LQY 离子迁移数测定装置的前面板示意图

1—正极接线柱（负载的正极接入处）；2—接地接线柱；3—负极接线柱（负载的负极接入处）；4—电流粗调（粗略调节电流所需电流值）；5—电流细调（精确调节电流所需电流值）；6—计时按钮（按下此按钮，停止或开始计时）；7—电源开关；8—计时指示（计时开始计时指示灯亮）；9—输出电压显示窗口（显示输出的实际电压值）；10—输出电流显示窗口（显示输出的实际电流值）；11—时间显示窗口（显示计时时间）

（3）将粗、细电流调节旋钮逆时针旋到底。

（4）按图 3-14-2 连接好测量线路，连接后面板电源插座。

（5）将电源开关置于“ON”位置，显示板即有显示。顺时针调节粗调旋钮，待接近所需电流 15mA 时，再顺时针调节细调旋钮，直到达到要求，按下计时按钮，开始计时（计时指示灯亮）。

（6）通电 60min 后，先将粗调旋钮逆时针旋到底，再将细调旋钮逆时针旋到底。

（7）切断电源，取出库仑计中的铜阴极，用纯水冲洗后，用无水乙醇淋洗，再用热空气将其吹干，然后称重得 m_2。

（8）将阳极区溶液全部放入已知质量的锥形瓶后称重。

（9）测定阳极区溶液体积及滴定溶液中 Cu^{2+} 浓度：①利用比重瓶（参照实验 8 的比重瓶使用方法）测定阳极区的密度后再计算出阳极区溶液的总体积；②取 10mL 阳极区溶液加入 10% KI 溶液 10mL 和 1mol·L^{-1} 乙酸溶液 10mL，先用 0.05mol·L^{-1} 标准硫代硫酸钠溶液滴定至溶液呈淡黄色，再加入 1mL 0.5%淀粉滴至蓝紫色消失，溶液呈象牙粉色。

【数据记录与处理】

1. 实验数据记录（表 3-14-1、表 3-14-2）

表 3-14-1 实验相关基本数据

项目	数据
温度/℃	
铜库仑计电解前阴极铜片的质量 m_1/g	
铜库仑计电解后阴极铜片的质量 m_2/g	
电解的电流值/A	
电解的时间/min	

表 3-14-2 各溶液相关质量与浓度

	锥形瓶质量/g	锥形瓶质量＋溶液质量/g	溶液密度/(g·cm^{-3})	溶液总体积 $V_{总}$/mL	滴定用 $Na_2S_2O_3$ 体积/mL	$CuSO_4$ 浓度/(mol·L^{-1})
电解后阳极区溶液						
中间区溶液						
原始溶液						

2. 此时：$n_{迁移}(SO_4^{2-}) = n_{电解后}(SO_4^{2-}) - n_{原始}(SO_4^{2-}) =$（电解后阳极区溶液中 $CuSO_4$ 浓度-原始溶液中 $CuSO_4$ 浓度）$\times V_{总}$，将此结果代入式(2-14-10)中计算得到$t_{SO_4^{2-}}$，$t_{Cu^{2+}} = 1 - t_{SO_4^{2-}}$。

【注意事项】

1. 库仑计的使用方法：(1) 库仑计中共有三片铜片，两边铜片为阳极，中间铜片为阴极；(2) 阳极铜片固定在电极固定板上，不可拆下，阴极铜片由阴极插座固定，拆下或固定阴极铜片时只需逆时针旋松或顺时针旋紧阴极插座即可；(3) 电极固定板上有两个阳极插座，实验中可任意插入其中一个插座。

2. 在调节粗调旋钮时，一定要等电压、电流稳定后，再调下一挡，切勿连续快速调节。

3. 通电过程中，迁移管应避免振动；电解结束时，尽快分流出阳极区溶液，谨防各区域溶液混合。

【思考题】

1. 实验中 $Q_{总}$ 为什么不用 $Q=It$ 计算？对比并分析使用 $Q=It$ 计算所得 $Q_{总}$ 与使用库仑电量计计算 $Q_{总}$。

2. 请简写利用阴极区电解前后 $CuSO_4$ 浓度变化求解$t_{Cu^{2+}}$的过程。

Ⅲ　动力学实验

实验 15　蔗糖水解反应速率常数及活化能的测定

【实验目的】

1. 根据物质的旋光性质研究蔗糖水解反应，测定蔗糖转化反应的速率常数和活化能。
2. 了解该反应的反应物浓度与旋光度之间的关系。
3. 了解旋光仪的基本原理，掌握旋光仪的使用方法。

【实验原理】

蔗糖在水中转化为葡萄糖和果糖，反应式如下：

$$C_{12}H_{22}O_{11} + H_2O \xrightarrow{H^+} C_6H_{12}O_6 + C_6H_{12}O_6$$

	蔗糖		葡萄糖	果糖
$t=0$	c_0		0	0
$t=t$	c		c_0-c	c_0-c
$t=\infty$	0		c_0	c_0

蔗糖水解速率极慢，在酸性介质中反应速率大大加快，故用 H^+ 作催化剂。由于反应时 H_2O 是大量存在的，尽管有部分水参加反应，仍近似认为整个反应过程中水的浓度是恒定

的，故蔗糖水解反应可近似为一级反应。

一级反应的速率方程可由下表示：

$$-\frac{dc}{dt}=kc \tag{3-15-1}$$

积分式为：

$$\ln c_t=-kt+\ln c_0 \tag{3-15-2}$$

从式(3-15-2) 可看出在不同的时间测定反应物的相应浓度并以 $\ln c_t$ 对 t 作图得一直线，由直线斜率即可求出反应速率常数 k。

蔗糖及其水解产物均为旋光物质，具有旋光性，旋光性是指当偏振光通过某些介质时，该介质能使偏振光的振动方向发生旋转，这种能旋转偏振光的振动方向的性质叫旋光性。偏振面的转移角度称之为旋光度，以 α 表示。溶液的旋光度与溶液中所含旋光物质的种类、浓度、液层厚度、光源的波长以及反应时的温度等因素有关。

为了比较各种物质的旋光能力，引入比旋光度这一概念，用下式表示：

$$[\alpha]_D^t=\frac{\alpha}{lc_A} \tag{3-15-3}$$

式中　t——实验时的温度,℃；

　　D——所用光源的波长，nm；

　　α——旋光度,°；

　　l——液层厚度，dm；

　　c_A——试样浓度，$g\cdot cm^{-3}$。

式(3-15-3) 可写成：

$$\alpha=[\alpha]_D^{20}lc_A \tag{3-15-4}$$

从式(3-15-4) 可以看出，当其他条件固定时，旋光度 α 与反应物浓度 c 呈线性关系：

$$\alpha=\beta c \tag{3-15-5}$$

式中　β——与物质的旋光能力、溶液厚度、溶剂性质、光源波长、反应温度等有关系的常数。

蔗糖、葡萄糖和果糖的分子结构中都含有手性原子，因此均具有对映体结构。蔗糖的分子式是 $C_{12}H_{22}O_{11}$，为白色晶体，熔点 186℃，易溶于水，比旋光度 $[\alpha]_D^{20}=+66.5°$，甜度仅次于果糖。蔗糖是由 α-D-葡萄糖中的 C_1 上的 α-苷羟基和 β-D-果糖中的 C_2 上的 β-苷羟基脱水而成的二糖，其结构如图 3-15-1 所示。

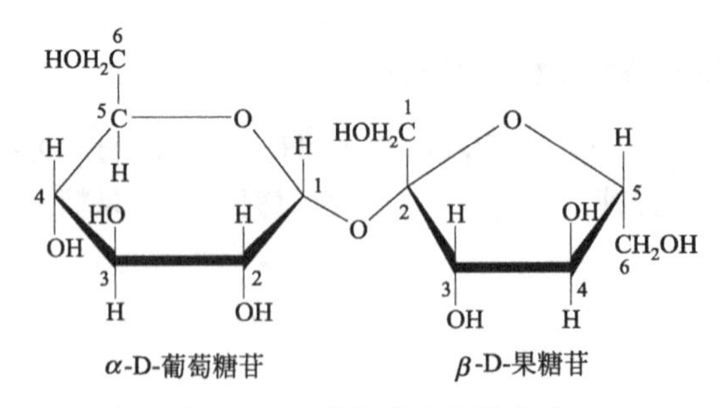

图 3-15-1　蔗糖的化学结构式

葡萄糖的分子式是 $C_6H_{12}O_6$，为 2,3,4,5,6-五羟基己醛，人们发现 D-葡萄糖有两种不同的晶体，一种从酒精中结晶出来的，熔点为146℃，比旋光度 $[\alpha]_D^{20}=+112°$；一种从吡啶中结晶出来的，熔点为150℃，比旋光度 $[\alpha]_D^{20}=+18.7°$。如果把两种不同的D-葡萄糖分别溶解于水中，放置一段时间，测得的比旋光度都逐渐发生变化至 $[\alpha]_D^{20}=+52.7°$ 后，达到平衡，不再发生变化，如图3-15-2。这种有旋光性的化合物，溶解在溶液中，其旋光度逐渐变化，最后达到一个稳定的平衡值的现象称为变旋现象。

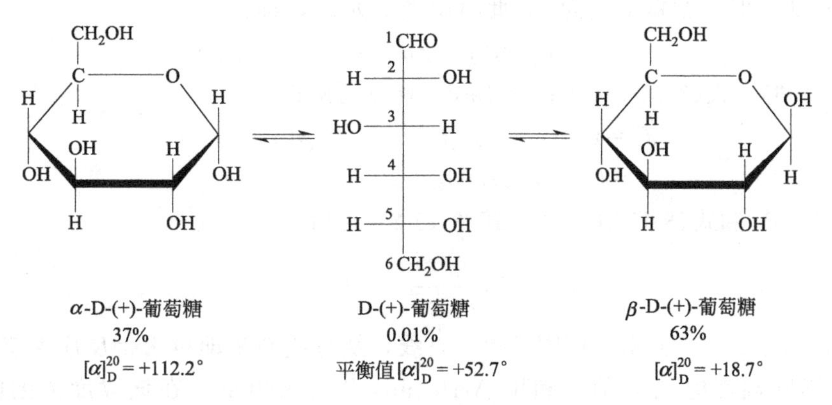

图 3-15-2 葡萄糖的变旋现象

果糖的分子式也是 $C_6H_{12}O_6$，为1,3,4,5,6-五羟基己酮，果糖也有变旋光现象（图3-15-3），α 构型的比旋光度为 $[\alpha]_D^{20}=-63.6°$，β 构型的比旋光度为 $[\alpha]_D^{20}=-135.5°$，水溶液平衡后的比旋光度为 $[\alpha]_D^{20}=-92.3°$。

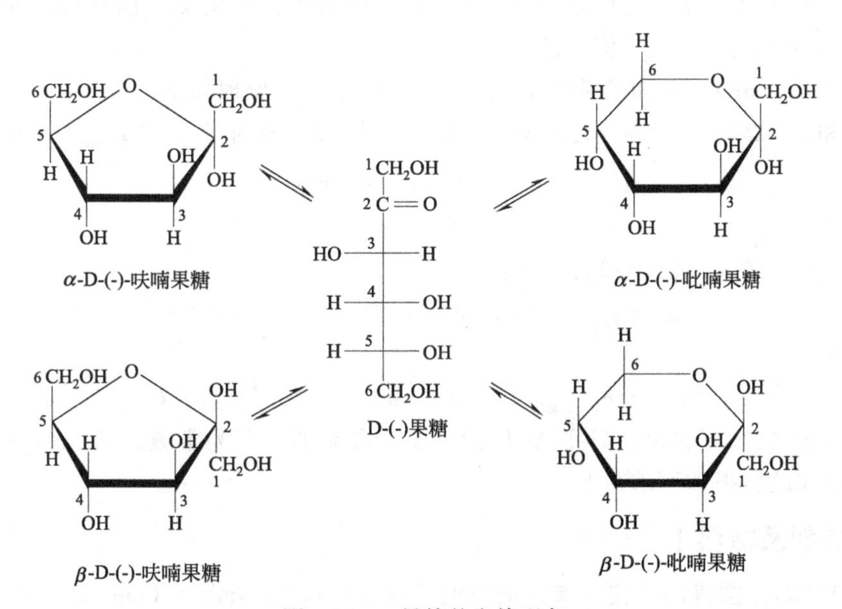

图 3-15-3 果糖的变旋现象

由于生成物中果糖的左旋性比葡萄糖右旋性大，所以生成物呈现左旋性质。因此随着反应进行，体系的右旋角不断减小，反应至某一瞬间，体系的旋光度可恰好等于零，之后就变成左旋，直至蔗糖完全转化。

上述蔗糖水解反应中，反应物与生成物都具有旋光性。旋光度与浓度成正比，且溶液的旋光度为各组分旋光度之和（加合性）。反应时间为 0、t、∞时溶液的旋光度分别为 α_0、α_t、α_∞。

设体系最初的旋光度为：$\alpha_0=\beta_{反}c_0$　（$t=0$，蔗糖尚未转化）　(3-15-6)

体系最终的旋光度为：$\alpha_\infty=\beta_{生}c_0$　（$t=\infty$，蔗糖已完全转化）　(3-15-7)

式(3-15-6) 和式(3-15-7) 中 $\beta_{反}$和 $\beta_{生}$分别是联系旋光度与反应物和生成物浓度的比例常数。当时间为 t 时，蔗糖浓度为 c，此时旋光度为 α_t，即：

$$\alpha_t=\beta_{反}c+\beta_{生}(c_0-c) \tag{3-15-8}$$

将式(3-15-6)、式(3-15-7) 和式(3-15-8) 联立可解得：

$$c_0=(\alpha_0-\alpha_\infty)/(\beta_{反}-\beta_{生})=\beta(\alpha_0-\alpha_\infty) \tag{3-15-9}$$

$$c=(\alpha_t-\alpha_\infty)/(\beta_{反}-\beta_{生})=\beta(\alpha_t-\alpha_\infty) \tag{3-15-10}$$

将式(3-15-9) 和式(3-15-10) 代入式(3-15-2) 可得：

$$\ln\frac{\alpha_0-\alpha_\infty}{\alpha_t-\alpha_\infty}=kt \tag{3-15-11}$$

显然，以 $\ln(\alpha_t-\alpha_\infty)$ 对 t 作图可得一直线，从直线斜率即可求得反应速率常数 k。如果测出两个不同温度时的 k 值，利用 Arrhenius 公式求出反应在该温度范围内的平均活化能。

$$\ln\frac{k(T_2)}{k(T_1)}=-\frac{E_a}{R}(\frac{1}{T_2}-\frac{1}{T_1}) \tag{3-15-12}$$

通常有两种方法测定 α_∞：一是将反应液放置 48h 以上，让其反应完全后测 α_∞；二是将反应液在 50～60℃水浴中加热半小时以上再冷却到实验温度测。前一种方法时间太长，后一种方法容易产生副反应，使溶液颜色变黄。

若采用 Guggenheim 法处理数据，可以不必测 α_∞，其原理如下。

把在 t 和 $t+\Delta t$（Δt 代表一定的时间间隔）测得的 α 分别用α_t 和 $\alpha_{t+\Delta t}$ 表示，则有：

$$\alpha_t-\alpha_\infty=(\alpha_0-\alpha_\infty)e^{-kt} \tag{3-15-13}$$

$$\alpha_{t+\Delta t}-\alpha_\infty=(\alpha_0-\alpha_\infty)e^{-k(t+\Delta t)} \tag{3-15-14}$$

式(3-15-13) 减去式(3-15-14)，得：

$$\alpha_t-\alpha_{t+\Delta t}=(\alpha_0-\alpha_\infty)e^{-k(t+\Delta t)}(1-e^{-k\Delta t}) \tag{3-15-15}$$

取对数后：

$$\ln(\alpha_t-\alpha_{t+\Delta t})=\ln[(\alpha_0-\alpha_\infty)(1-e^{-k\Delta t})]-kt \tag{3-15-16}$$

从式 (3-15-16) 可看出，只要 Δt 保持不变，右端第一项为常数，从 $\ln(\alpha_t-\alpha_{t+\Delta t})$ 对 t 作图所得直线的斜率即可求得 k。

【仪器、试剂及材料】

仪器：WXG-4 圆盘旋光仪（南京桑力电子设备厂），旋光管（10cm、20cm），超级恒温水浴，锥形瓶（100mL），移液管（25mL），容量瓶（25mL）。

试剂：蔗糖（A. R.），HCl 溶液（$4.0\text{mol}\cdot\text{L}^{-1}$）。

材料：滤纸片。

【安全须知和废弃物处理】

1. 实验室中需穿戴普通棉纱实验服、防护目镜或面罩。

2. 取用化学试剂和酸液时需戴丁腈橡胶手套，浓盐酸对眼睛、黏膜和皮肤有强烈刺激作用，若发生皮肤沾染，及时用水冲洗沾染部位 10min 以上；若发生眼睛接触，应提起眼睑，用洗眼器冲洗，然后就医。

3. 保护圆盘旋光仪中的光学部件，所有镜片包括旋光管的两头垫片不能直接用手接触，同时正确使用旋光仪和超级恒温水浴，注意防止触电、烫伤及水溢出。

4. 小心使用容量瓶、移液管等，防止玻璃器皿破损划伤。

5. 废酸液倒入固定的废液回收桶。

【实验步骤】

（1）调恒温水浴至所需的反应温度。

（2）开启旋光仪（使用方法参见 2.5 节），打开光源开关，钠灯亮，经 15min 预热发光稳定后即可使用。

（3）将纯水或空白溶液倒入旋光管，放入样品室中。旋光管中若有气泡，应使气泡浮于凸颈处；通光面两端若有雾状水滴，可用滤纸轻轻揩干。旋光管端盖不宜旋得过紧，以免产生应力，影响读数。调节目镜使图像清晰，旋转度盘调节手轮，使视场亮度均匀且较暗，从刻度盘上左右窗口记下相应的角度，记为 α_0。

（4）α_t 的测定。称取蔗糖约 2.5g，用少量纯水溶解后转移至 25mL 容量瓶中，稀释至刻度，再倾入 100mL 锥形瓶中。再用 25.0mL 移液管移取 4.0mol·L^{-1} HCl 溶液并加入另一锥形瓶中（注意勿使两溶液混合），然后盖上胶塞，将两锥形瓶置于恒温水浴中恒温。待溶液恒温后（不能少于 10min），将已恒温的盐酸溶液倒入蔗糖溶液中，立刻开始计时，作为反应的起点。将溶液摇匀后，迅速用少量混合液清洗旋光管两次，然后将此混合液注满旋光管，盖好盖子（检查是否漏液和形成气泡），擦净旋光管两端玻璃片，立即置于旋光仪中，测定不同时间的旋光度。第一个数据要求在反应开始后 2～3min 内测定。每 3min 读数一次，直至旋光度为负值为止。

（5）α_∞ 的测定。为了得到反应终了时的旋光度 α_∞，将步骤（4）锥形瓶中的剩余混合液置于 50～60℃的水浴锅中恒温 60min，使水解完全。然后冷却至实验温度，再按上述操作，将此混合液装入旋光管，测其旋光度，此值即可认为是 α_∞。

（6）调节恒温水浴温度至 35℃，重复上列步骤（4）、步骤（5），测量另一温度下的反应数据。

（7）实验结束后应立即将旋光管洗净擦干，依次关闭测量、光源、电源开关。

【数据记录与处理】

1. 实验数据记录（表 3-15-1、表 3-15-2）

表 3-15-1　数据记录（1）

室温______℃；反应温度：______℃；HCl 浓度：______mol·L^{-1}；α_∞：______。

t/min	α_t/°	$(\alpha_t-\alpha_\infty)$/°	$\ln(\alpha_t-\alpha_\infty)$
3			
6			
9			
10			
12			

续表

t/min	α_t/°	$(\alpha_t-\alpha_\infty)$/°	$\ln(\alpha_t-\alpha_\infty)$
15			
18			
21			
24			
27			
30			

表 3-15-2 数据记录（2）

室温：______℃；反应温度：______℃；HCl 浓度：______$mol \cdot L^{-1}$；α_∞：______。

t/min	α_t/°	$(\alpha_t-\alpha_\infty)$/°	$\ln(\alpha_t-\alpha_\infty)$
3			
6			
9			
10			
12			
15			
18			
21			
24			
27			
30			

2. 测 α_∞，每 3min 读取一次实验数据，以 $\ln(\alpha_t-\alpha_\infty)$ 为纵坐标，以 t 为横坐标直线化求 k。

3. 由 $k(T_1)$ 及 $k(T_2)$ 利用 Arrhenius 公式求其平均活化能 E_a。

文献参考值：k（$\times 10^{-3}min^{-1}$）分别为 17.45（298.2K），75.97（308.2K）；E_a = $108kJ \cdot mol^{-1}$。

【注意事项】

1. 旋光仪使用前应检查度盘零度位置是否正确。

2. 混合反应溶液时，应将盐酸溶液倒入蔗糖溶液中，不能调换次序，否则可能引发溶液飞溅。

3. 酸溶液会腐蚀旋光仪和旋光管密封件，旋光管放入旋光仪前应将外壁擦拭干净，实验完成后应用大量纯水冲洗旋光管，再擦拭干净，以免强酸溶液腐蚀旋光管。

【思考题】

1. 在测量蔗糖转化速率常数时，选用长的旋光管好？还是短的旋光管好？

2. 试估计本实验的误差，怎样减小误差？

3. 如何根据蔗糖、葡萄糖和果糖的比旋光度计算 α_0 和 α_∞？

4. 实验中，为什么用纯水来校正旋光仪的零点？试问在蔗糖转化反应过程中，所测的旋光度 α_∞ 是否需要零点校正？

5. 配制蔗糖溶液时称量不够准确对实验有什么影响？

实验 16　乙酸乙酯皂化反应速率常数及活化能的测定

【实验目的】

1. 掌握电导率仪的使用方法，通过电导法测定乙酸乙酯皂化反应的速率常数。
2. 进一步理解二级反应的特点，学会用图解计算法求取二级反应的速率常数。
3. 了解反应活化能的测定方法。

【实验原理】

乙酸乙酯皂化反应是二级反应，一定温度下，两种反应物初始浓度相同时，t 时刻反应体系中各物质的浓度关系如下：

$$CH_3COOC_2H_5 + NaOH \longrightarrow CH_3COONa + C_2H_5OH$$

$t=0$	c_0	c_0	0	0
$t=t$	c_t	c_t	c_0-c_t	c_0-c_t
$t=\infty$	0	0	c_0	c_0

则反应速率的速率方程可表示为：

$$-\frac{dc}{dt}=kc^2 \tag{3-16-1}$$

将速率方程积分可得动力学方程：

$$\frac{1}{c_t}-\frac{1}{c_0}=kt \tag{3-16-2}$$

式中　c_0——反应物的初始浓度；

c_t——t 时刻反应物的浓度；

k——二级反应的速率常数。

以 $1/c_t$ 对时间 t 作图应为一直线，直线的斜率即为 k。对于乙酸乙酯的皂化反应则有：

$$k=\frac{1}{t}\times\frac{c_0-c_t}{c_0c_t} \tag{3-16-3}$$

由式（3-16-3）可以看出，c_0 为已知的初始浓度，只要测出 t 时刻的 c_t 值，就可以算出速率常数 k。测定 c_t 的方法很多，本实验采用电导法。其依据是：

（1）由于乙酸乙酯和乙醇的电导很小，它们对反应系统电导的贡献可以忽略不计。而反应过程中 Na^+ 的浓度始终不变，对反应系统的电导有固定的贡献。因此参与导电，且反应过程中浓度改变的离子只有 OH^- 和 CH_3COO^-。

（2）由于 OH^- 的电导比 CH_3COO^- 的电导大得多，且随着反应的进行，OH^- 逐渐减少，CH_3COO^- 逐渐增加，因此反应系统的电导显著下降。

（3）在稀溶液中，每种强电解质的电导与其浓度成正比，而且反应系统的总电导等于系统中各强电解质电导之和。

令 κ_0、κ_t 和 κ_∞ 分别为 0、t 和∞时刻的电导率，则：

$t=t$ 时，$c_0-c_t=K(\kappa_0-\kappa_t)$，$K$ 为比例常数；$t\to\infty$ 时，$c_0=K(\kappa_0-\kappa_\infty)$。联立以上

式，整理得：

$$\kappa_t=\frac{1}{kc_0}\times\frac{\kappa_0-\kappa_t}{t}+\kappa_\infty \qquad (3\text{-}16\text{-}4)$$

实验中测出 κ_0 及不同 t 时刻所对应的 κ_t，用 κ_t 对 $\frac{\kappa_0-\kappa_t}{t}$ 作图得一直线，由直线的斜率，可求出速率常数 k。

对大多数反应，反应速率与温度的关系可用阿仑尼乌斯经验方程来表示：

$$\ln k=\ln A-\frac{E_a}{RT} \qquad (3\text{-}16\text{-}5)$$

式中　E_a——阿仑尼乌斯活化能或叫反应活化能；

　　　A——指前因子；

　　　k——速率常数。

实验中若测得两个不同温度下的速率常数 k_1、k_2。由式(3-16-5) 很容易得到：

$$\ln\frac{k_2}{k_1}=\frac{E_a}{R}(\frac{1}{T_1}-\frac{1}{T_2}) \qquad (3\text{-}16\text{-}6)$$

由式(3-16-6) 可求活化能 E_a。

【仪器、试剂及材料】

仪器：DDS-11A 型电导率仪，铂黑电极，混合反应器，恒温水浴，秒表，移液管(20mL)，移液管 (1mL)，容量瓶 (100mL)，烧杯 (100mL)。

试剂：NaOH 水溶液 (0.10mol·L^{-1})，乙酸乙酯 (A.R.)，电导水。

材料：滤纸片。

【安全须知和废弃物处理】

1. 实验室中需穿戴普通棉纱实验服、防护目镜或面罩。

2. 取用有机溶液和碱液时需戴丁腈橡胶手套，0.10mol·L^{-1} NaOH 溶液和乙酸乙酯对皮肤有轻微刺激性，若发生皮肤沾染，及时用水冲洗沾染部位；若发生眼睛接触，应提起眼睑，用洗眼器冲洗。

3. 正确使用电导率仪和恒温水浴，注意防止触电、烫伤及水溢出。

4. 小心使用电极、容量瓶、移液管等，防止玻璃器皿破损划伤。

5. 有机废液、废碱液倒入固定的废液回收桶。

【实验步骤】

1. 配制溶液

配制与 NaOH 准确浓度 (约 0.100mol·L^{-1}) 相等的乙酸乙酯溶液。其方法是：根据购买分析纯乙酸乙酯试剂上标示的密度和分子量，计算出配制 100mL 0.100mol·L^{-1} (与 NaOH 准确浓度相同) 的乙酸乙酯水溶液所需的乙酸乙酯的体积 V(mL)，然后用 1mL 移液管吸取体积为 V (mL) 的乙酸乙酯注入 100mL 容量瓶中，稀释至刻度，即为 0.100mol·L^{-1} 的乙酸乙酯水溶液。

2. 调节恒温水浴

将恒温水浴的温度调至(25.0±0.1)℃[或(30.0±0.1)℃]。

3. 反应时电导率 κ_t 的测定

打开电导率仪（使用方法参见 2.6 节），预热 15min，校正常数。

将干燥洁净混合反应器（图 3-16-1）放入恒温水浴中并夹好，用移液管移取 20.0mL 0.100mol·L^{-1} NaOH 加入 A 管，用另一支移液管移取 20.0mL 0.100mol·L^{-1} $CH_3COOC_2H_5$ 加入 B 管内，塞上橡皮塞以防挥发。将洗净并用滤纸吸干的电导电极插入 A 管，恒温 10min 之后，用吸耳球通过 B 管上口将乙酸乙酯溶液压入 A 管，与 NaOH 混合。当溶液压入一半时，开始记录反应时间。反复压几次，使溶液混合均匀，并立即开始测量其电导值，按规定时间记录反应电导变化，直至电导数值变化不大时可停止测量，记下 κ_t 和对应的时间 t。

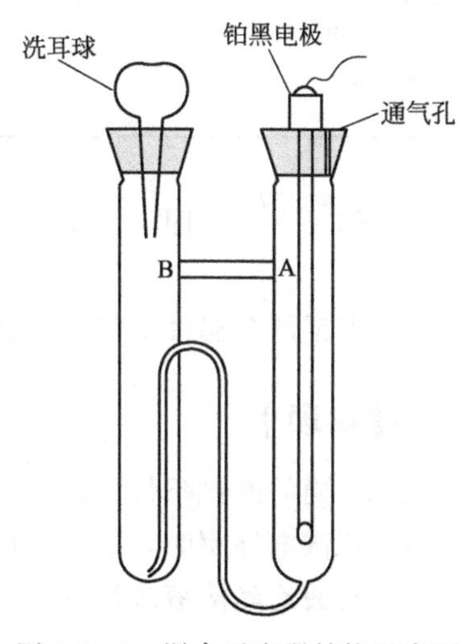

图 3-16-1　混合反应器结构示意图

4. 另一温度下 κ_0 和 κ_t 的测定

调节恒温水浴温度为 (35.0 ± 0.1)℃ [或 (40.0 ± 0.1)℃]。重复上述 3 步骤，测定另一温度下不同时间的 κ_t。实验结束后，关闭电源，取出电极，用电导水洗净并置于电导水中保存待用。

注意：乙酸乙酯溶液要新鲜配制。因为乙酸乙酯易挥发，且易水解生成乙酸和乙酯。NaOH 溶液不宜在空气中久置，以防其吸收 CO_2 生成 Na_2CO_3。更换电导池溶液时，都要用电导水淋洗电极和电导池，接着用被测溶液淋洗 2～3 次，注意不要接触极板，用滤纸吸干电极时，只吸电极底部和两侧，不要吸电极板。电极引线不能潮湿，否则将测不准。

【数据记录与处理】

1. 实验数据记录

记录数据于表 3-16-1、表 3-16-2，作电导率随时间变化关系曲线，将曲线外推至起始混合的时间求得 κ_0 值。

表 3-16-1　溶液的电导率 (1)

反应温度：________℃。

t/min	0.25	0.5	1	1.5	2	2.5	3	4	5	6
κ_t/(mS·cm^{-1})										
$\frac{\kappa_0-\kappa_t}{t}$										
t/min	7	8	9	10	1	12	14	16	18	20
κ_t/(mS·cm^{-1})										
$\frac{\kappa_0-\kappa_t}{t}$										

表 3-16-2　溶液的电导率 (2)

反应温度：______℃。

t/min	0.25	0.5	1	1.5	2	2.5	3	4	5	6
κ_t/(mS·cm^{-1})										
$\frac{\kappa_0-\kappa_t}{t}$										

续表

t/min	7	8	9	10	1	12	14	16	18	20
κ_t/(mS · cm^{-1})										
$\frac{\kappa_0-\kappa_t}{t}$										

2. 作$\frac{\kappa_0-\kappa_t}{t}$-$t$ 图，由斜率、截距求 k。

3. 根据两个温度下的 k，由 $\ln\frac{k_2}{k_1}=\frac{E_a}{R}(\frac{T_2-T_1}{T_1T_2})$求 E_a。

【注意事项】

1. 不同的测试条件下每次测试前都应对电导率仪进行校正。
2. 测试电导率时，电极片应全部浸入溶液。
3. 乙酸乙酯溶液现用现配，配液时动作要迅速，以减少挥发损失。

【思考题】

1. 为何本实验要在恒温条件下进行，而且乙酸乙酯和氢氧化钠溶液在混合前还要预先加热？

2. 反应级数只能通过实验来确定，如何从实验结果来验证乙酸乙酯皂化反应为二级反应？

3. 如果氢氧化钠和乙酸乙酯溶液均为浓溶液，能否用此方法求 k 值？为什么？

实验 17　丙酮碘化反应动力学的测定

【实验目的】

1. 掌握初始速率法测定丙酮碘化反应的级数、速率常数和活化能的方法。
2. 掌握测定原理和分光光度计的使用方法。
3. 了解测定反应级数、速率常数及活化能的原理及分光光度计的测量原理。

【实验原理】

酸溶液中丙酮碘化反应是一个复杂反应，反应式为

$$\underset{A}{H_3C-\overset{\overset{O}{\|}}{C}-CH_3} + I_2 \xrightarrow{H^+} \underset{E}{H_3C-\overset{\overset{O}{\|}}{C}-CH_2I} + I^- + H^+ \tag{3-17-1}$$

一般认为该反应按以下两步进行：

$$\underset{\text{A}}{H_3C-\overset{\overset{O}{\parallel}}{C}-CH_3} \overset{H^+}{\rightleftharpoons} \underset{\text{B}}{H_3C-\overset{\overset{CH_2}{\parallel}}{C}-OH} \tag{3-17-2}$$

$$\underset{\text{B}}{H_3C-\overset{\overset{CH_2}{\parallel}}{C}-OH} + I_2 \longrightarrow \underset{\text{E}}{H_3C-\overset{\overset{O}{\parallel}}{C}-CH_2I} + I^- + H^+ \tag{3-17-3}$$

式(3-17-2) 是丙酮的烯醇化反应，它是一个很慢的可逆反应，式(3-17-3) 是烯醇的碘化反应，它是一个快速且趋于进行到底的反应。因此，丙酮碘化反应的总速率由丙酮烯醇化反应的速率决定，丙酮烯醇化反应的速率取决于丙酮及氢离子的浓度。如果以碘化丙酮浓度的增加来表示丙酮碘化的速率，则此反应的动力学方程式为

$$\frac{dc_E}{dt}=kc_A c_{H^+} \tag{3-17-4}$$

式中 c_E——碘化丙酮的浓度，$mol \cdot L^{-1}$；

c_{H^+}——氢离子浓度，$mol \cdot L^{-1}$；

k——总速率常数；

c_A——丙酮的浓度，$mol \cdot L^{-1}$。

由式(3-17-3) 可知：

$$\frac{dc_E}{dt}=-\frac{dc_{I_2}}{dt} \tag{3-17-5}$$

因为碘在可见光区有一个比较宽的吸收带，而在这个吸收带中盐酸和丙酮没有明显的吸收，所以可采用分光光度法来测定丙酮碘化反应过程中碘浓度随时间的变化，以跟踪反应的进程，进而求出反应的速率常数。在本实验条件下，实验将证明丙酮碘化反应对碘是零级反应。由于反应并不停留在一元碘化丙酮上，还会继续反应下去。故采用初始速率法，测量开始一段的反应速率。因此，丙酮和酸应大大地过量，而用少量的碘来限制反应程度。这样，在碘完全消耗前，丙酮和酸的浓度基本保持不变。把式(3-17-4) 代入式(3-17-5) 积分得：

$$c_{I_2}=-kc_A c_{H^+} t+B \tag{3-17-6}$$

按照朗伯-比尔定律，某指定波长的光通过碘溶液后的光强为 I，通过纯水后的光强为 I_0，则透光率可表示为：

$$T=I/I_0 \tag{3-17-7}$$

并且透光率与碘的浓度之间关系可表示为：

$$\lg T=-\varepsilon l c_{I_2} \tag{3-17-8}$$

式中 T——透光率；

l——溶液的厚度；

ε——摩尔吸光系数。

将式(3-17-6) 代入式(3-17-8) 得：

$$\lg T=k\varepsilon l c_A c_{H^+} t+B' \tag{3-17-9}$$

因此，将 $\lg T$ 对时间 t 作图为一直线，其斜率为 $k\varepsilon l c_A c_{H^+}$。其中 εl 可通过测定一已知浓度的碘溶液的透光率，由式(3-17-8) 求得。当 c_A 与 c_{H^+} 浓度已知时，只要测出不同时刻

丙酮、酸、碘的混合液对指数波长的透光率，就可以利用式(3-17-9)求出反应的总速率常数 k。

由两个或两个以上温度的速率常数，据阿伦尼乌斯关系式可以估算反应的活化能 E_a。

$$E_a = 2.303R\frac{T_1T_2}{T_2-T_1}\lg\frac{k_2}{k_1} \tag{3-17-10}$$

为了验证上述反应机理，可以进行反应级数的测定。根据总反应方程式，可建立如下关系式：

$$V=\frac{dc_E}{dt}=kc_A^{\alpha}c_{H^+}^{\beta}c_{I_2}^{\gamma}$$

式中 α——丙酮的反应级数；

β——氢离子的反应级数；

γ——碘的反应级数。

若保持氢离子和碘的起始浓度不变，只改变丙酮的起始浓度，分别测定在同一温度下的反应速率，则：

$$\frac{V_2}{V_1}=\left(\frac{c'_A}{c_A}\right)^{\alpha} \qquad \alpha=\lg\frac{V_2}{V_1}/\lg\frac{c'_A}{c_A} \tag{3-17-11}$$

同理求出 β、γ：

$$\beta=\lg\frac{V_3}{V_1}/\lg\frac{c'_{H^+}}{c_{H^+}} \qquad \gamma=\lg\frac{V_4}{V_1}/\lg\frac{c'_{I_2}}{c_{I_2}} \tag{3-17-12}$$

【仪器、试剂及材料】

仪器：723N 型分光光度计，超级恒温水浴，恒温水浴，比色皿，锥形瓶（100mL），容量瓶（50mL），移液管（10mL、5mL），秒表。

试剂：丙酮溶液（$2.000 mol \cdot L^{-1}$），盐酸溶液（$1.000 mol \cdot L^{-1}$），碘溶液（$0.03000 mol \cdot L^{-1}$）。

材料：擦镜纸。

【安全须知和废弃物处理】

1. 实验室中需穿戴普通棉纱实验服、防护目镜或面罩。
2. 丙酮、盐酸、硫酸溶液等对眼睛、黏膜和皮肤有刺激作用，在使用时需佩戴丁腈橡胶手套和实验口罩。若发生皮肤沾染，及时用肥皂水或清水冲洗沾染部位 10min 以上；若发生眼睛接触，应提起眼睑，用洗眼器冲洗，然后就医。
3. 保持实验室处于良好的通风状态，开启通风设备。
4. 正确使用分光光度计和恒温水浴等，注意防止触电和水溢出。
5. 小心使用比色皿、容量瓶等，防止玻璃器皿破损划伤。
6. 废酸液和有机废液等分类倒入固定的废液回收桶。

【实验步骤】

1. 调节分光光度计

将超级恒温水浴温度准确调至（25.0±0.1)℃。接通分光光度计（使用方法参见 2.2 节）电源预热 10min 后，在透光率挡，用纯水校正分光光度计，即在光路断开（样品室上盖打开）时，用“0”钮调节读数为 0，光路通（样品室上盖关闭）时用“100”钮调节读数为 100。

2. 配制溶液

取 4 个洁净的 50mL 容量瓶，第一个装满纯水；第二个用移液管移入 5mL I_2 溶液，用纯水稀释至刻度；第三个用移液管移入 5mL I_2 溶液和 5mL HCl 溶液；第四个先加入少许纯水，再加入 5mL 丙酮溶液。然后将 4 个容量瓶放在恒温水浴中恒温备用。

3. 测量 εl 值

取恒温好的碘溶液注入恒温比色皿中，在 25℃时置于光路中，测其透光率。

4. 测定丙酮碘化的反应速率常数 k

将恒温的丙酮溶液倒入盛有酸和碘的混合液的容量瓶中，用恒温好的纯水洗涤盛有丙酮的容量瓶 3 次。洗涤液均倒入盛有混合液的容量瓶中，最后用纯水稀释至刻度，混合均匀，倒入比色皿少许，洗涤 3 次倾出。然后再装满比色皿，用擦镜纸擦去残液，置于光路中，测定透光率，并同时开启秒表。以后每隔 2min 读一次透光率，直到透光率接近 100%。

5. 测定各反应物的反应级数

各反应物的用量如表 3-17-1 所示。测定方法同上述步骤 4，温度为 25℃。

表 3-17-1　各反应物的用量

序号	V(碘溶液)/mL	V(丙酮溶液)/mL	V(盐酸溶液)/mL
1	5.0	10	5.0
2	5.0	5.0	10.0
3	2.5	5.0	5.0

6. 另一温度下反应速率常数 k 和反应级数的测定

将超级恒温水浴温度调节至 (35.0±0.1)℃，重复上述实验，但测定时间应相应缩短，可改为 1min 记录一次。

【数据记录与处理】

1. 以 $\lg T$ 对时间 t 作图，得一直线，从直线的斜率可求出反应的速率常数。

2. 根据两温度下的 k 值求丙酮碘化反应的活化能。

3. 据式(3-17-11)、式(3-17-12)，由实验步骤 4、5 测得的数据，分别以 $\lg T$ 对时间 t 作图，得四条直线。求出各直线斜率，即为不同起始浓度时的反应速率，求出反应级数。

【注意事项】

1. 温度影响反应速率常数，实验时体系始终要恒温。

2. 混合反应溶液时，操作必须迅速准确。

3. 比色皿的位置不得变化。

【思考题】

1. 在本实验中，若将碘加到含有丙酮、盐酸的容量瓶中时，并不立即开始计时，而是当混合物稀释到 50mL，摇匀，并倒入样品池测吸光度时，再开始计时，这样处理是否可以？为什么？

2. 影响本实验结果精确度的主要因素有哪些？

Ⅳ 表面及胶体化学实验

实验 18 溶液表面张力的测定

【实验目的】

1. 了解液体表面的性质，了解影响表面张力测定的因素。
2. 用吊环法测定不同浓度正丁醇溶液的表面张力。

【实验原理】

吊环法是测液体表面张力应用较为广泛的方法，如图 3-18-1 所示，吊环法测定表面张力的原理是将铂丝做成圆环与液面接触后，再慢慢向上提升，假设铂环被拉起时因液体表面张力的作用而形成一个内径 R'，外径为（$R'+2r$）的环形液柱（中空），这时向上的总拉力 W 与环形液柱内外两侧的表面张力之和相等，由于内外两圆周的周长分别为 $2\pi R'$ 和 $2\pi(R'+2r)$，根据表面张力（σ）的定义可知

$$W=2\pi R'\sigma+2\pi(R'+2r)\sigma \tag{3-18-1}$$

因为 $R=R'+r$，故上式可写成 $W=4\pi R\sigma$，$\sigma=W/4\pi R=P$（P 为仪器刻度盘读数，$mN\cdot m^{-1}$）。

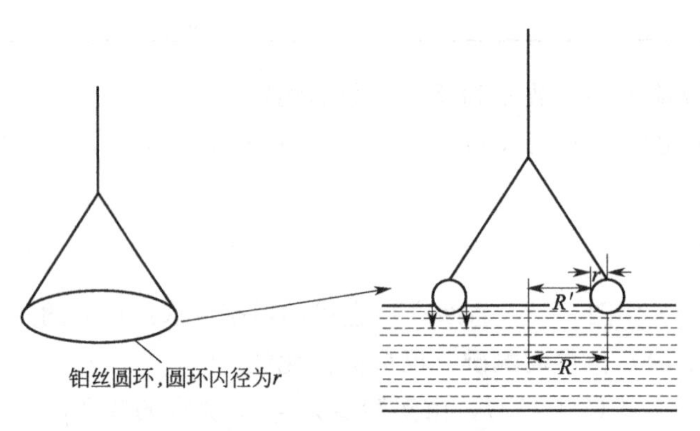

图 3-18-1 吊环受力示意图

由于上述情况是一种理想状态，实际上被拉起的液体并非圆柱形，因此上式还需要加以校正，则：

$$\sigma=PF \tag{3-18-2}$$

式中 F——校正因子。

本仪器计算校正因子的公式如下：$F=0.7250+\sqrt{\frac{0.01452P}{C^2D}+0.04534-\frac{1.679R}{r}}$

(3-18-3)

式中 P——刻度盘读数，$mN\cdot m^{-1}$；

C——环的周长，6cm；

R——环的半径，0.955cm；

r——铂丝半径，0.03cm；

D——液体密度，g·cm^{-3}（取纯水的密度）。

【仪器、试剂及材料】

仪器：BZY-102型表面张力仪（图3-18-2），烧杯（50mL），容量瓶（50mL、100mL），移液管（25mL），样品池。

试剂：正丁醇（A.R.），纯水。

材料：滤纸片。

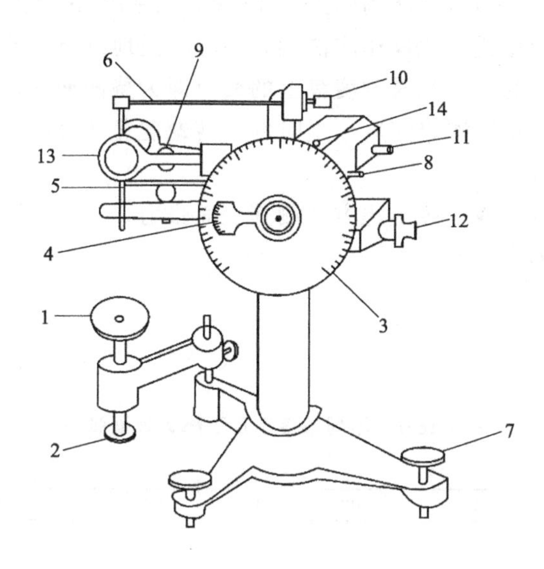

图3-18-2　BZY-102型表面张力仪

1—样品台；2—调样品座螺丝；3—刻度盘；4—游标；5—吊杆臂；6—悬臂；7—调水平螺丝；8，9—制止器；10—游码；11—微调旋钮；12—蜗轮把手；13—放大镜；14—水准仪

【安全须知和废弃物处理】

1. 实验室中需穿戴普通棉纱实验服、防护目镜或面罩。

2. 取用有机溶液时需戴丁腈橡胶手套，若发生皮肤沾染，及时用水冲洗沾染部位10min以上。

3. 正确使用表面张力仪，小心操作铂丝环和样品池。

4. 小心操作容量瓶、移液管等，防止玻璃器皿破损划伤。

5. 有机废液倒入固定的废液回收桶。

【实验步骤】

(1) 分别用100mL容量瓶配制0.80mol·L^{-1}、0.50mol·L^{-1}正丁醇水溶液，再取用6个50mL容量瓶逐次稀释配制0.02mol·L^{-1}、0.05mol·L^{-1}、0.10mol·L^{-1}、0.20mol·L^{-1}、0.30mol·L^{-1}、0.40mol·L^{-1}的正丁醇水溶液。

(2) 将表面张力仪（使用方法参见2.7节）放在不受振动和平稳的台面上，调节螺丝7将横梁上的水准仪14调至圆心中央使仪器达到水平状态。

(3) 用热洗液浸泡铂丝环和样品池（或用结晶皿），然后用纯水洗净，烘干。铂丝环应十分平整，洗净后不要用手触摸。

(4) 将铂丝环悬挂在吊杆臂 5 的下端，旋转蜗轮把手 12 使游标 4 的“0”刻线与刻度盘 3“0”刻线对齐。然后把制止器 8 和 9 打开，使放大镜 13 中三线重合。如果不重合，则旋转微调蜗轮把手 11 进行调整。

(5) 用少量待测正丁醇水溶液洗样品池，然后注入该溶液（从最稀的溶液开始测），样品池置于样品台 1 上。

(6) 旋转调样品座螺丝 2 使样品台 1 升高，直到样品池中液体刚好同铂丝环接触为止（注意：环与液面必须呈水平）。旋转蜗轮把手 12 来增加钢丝的扭力，同时旋转样品台下调样品座螺丝 2 降低样品台位置。此操作应协调并小心缓慢地进行，确保放大镜中三线始终重合，直到铂丝环离开液面为止，此时刻度盘上的读数即为待测液的表面张力值。连续测量三次，取其平均值（注意：每次测定完后，逆时针旋转蜗轮把手 12 使游标 4 逆时针回到“0”位，否则扭力变化很大）。

(7) 更换另一浓度的溶液，按上述方法测其表面张力。

(8) 记录测定时的温度。

【数据记录与处理】

1. 实验数据记录（表 3-18-1）

表 3-18-1　不同浓度下正丁醇的表面张力

室温：______℃。

正丁醇浓度/($mol \cdot L^{-1}$)	0	0.02	0.05	0.10	0.20	0.30	0.40
P_1/($mN \cdot m^{-1}$)							
P_2/($mN \cdot m^{-1}$)							
P_3/($mN \cdot m^{-1}$)							
平均值							

2. 根据式(3-18-3) 求出校正因子 F，并求出各浓度正丁醇溶液的 $\sigma_{实际}$。

【注意事项】

1. 铂环易损坏变形，切勿使其受力或碰撞。
2. 游标旋转至零时，应沿逆时针方向旋转，切勿旋转 360°，使扭力丝受力而损坏仪器。
3. 实验完，关闭仪器，仔细清洗铂环并妥善保存。

【思考题】

1. 影响本实验的主要因素有哪些？
2. 测定表面张力的方法有哪几种，有何优缺点？

实验 19　乙酸在活性炭上的吸附

【实验目的】

1. 了解用溶液吸附法测定活性炭比表面积的基本原理。

2. 掌握溶液吸附法测定活性炭比表面积的测定方法。

【实验原理】

在一定浓度范围内，活性炭对有机酸的吸附符合朗格缪尔（Langmuir）吸附方程：

$$\Gamma=\Gamma_{\infty}\frac{K_c}{1+K_c} \tag{3-19-1}$$

式中 Γ——吸附量，通常指单位质量吸附剂上吸附溶质的物质的量，$mol\cdot kg^{-1}$；

Γ_{∞}——饱和吸附量，$mol\cdot kg^{-1}$；

c——吸附平衡时溶液的浓度，$mol\cdot L^{-1}$；

K_c——常数。

将上式整理可得如下形式：

$$\frac{c}{\Gamma}=\frac{1}{\Gamma_{\infty}K_c}+\frac{1}{\Gamma_{\infty}}c \tag{3-19-2}$$

作$\frac{c}{\Gamma}$-c 图，得一直线，由此直线的斜率和截距可求 Γ_{∞}和常数 K_c。

如果用乙酸做吸附质测定活性炭的比表面积时，可按下式计算：

$$S_0=\Gamma_{\infty}\times 6.023\times 10^{23}\times 24.3\times 10^{-20} \tag{3-19-3}$$

式中 S_0——比表面积，$m^2\cdot kg^{-1}$；

6.023×10^{23}——阿伏伽德罗常数；

24.3×10^{-20}——每个乙酸分子所占据的面积，m^2。

吸附量 Γ 可按下式计算：

$$\Gamma=\frac{c_0-c}{m}V \tag{3-19-4}$$

式中 c_0——起始浓度，$mol\cdot L^{-1}$；

V——溶液的总体积，L；

m——加入溶液中吸附剂质量，kg。

【仪器、试剂及材料】

仪器：电动振荡器，分析天平，具塞锥形瓶（250mL），锥形瓶（150mL），碱式滴定管（25mL），漏斗，移液管（5mL）。

试剂：活性炭，HAc（$0.4mol\cdot L^{-1}$），NaOH（$0.1000mol\cdot L^{-1}$），酚酞指示剂。

材料：滤纸。

【安全须知和废弃物处理】

1. 实验室中需穿戴普通棉纱实验服、防护目镜或面罩。

2. 取用酸液和碱液时需戴丁腈橡胶手套，醋酸和氢氧化钠对皮肤有刺激性，若发生皮肤沾染，及时用水冲洗沾染部位；若发生眼睛接触，应提起眼睑，用洗眼器冲洗。

3. 正确使用电动振荡器，注意防止触电。

4. 小心使用滴定管、漏斗、移液管等，防止玻璃器皿破损划伤。

5. 废酸液、废碱液等分类倒入固定的废液回收桶。样品碎屑和残渣放入固定的废弃物回收桶。

【实验步骤】

（1）取5个洗净干燥的具塞锥形瓶，分别放入约1g（准确到0.001g）的活性炭，并将5个锥形瓶标明编号，分别按表3-19-1加入纯水与乙酸溶液。

表3-19-1 样品的制备

锥形瓶编号	1	2	3	4	5
$V_{纯水}$/mL	50.0	70.0	80.0	90.0	95.0
$V_{乙酸溶液}$/mL	50.0	30.0	20.0	10.0	5.0

（2）将各瓶溶液配好以后，用磨口瓶塞塞好，并在塞上加橡皮圈以防塞子脱落，摇动锥形瓶，使活性炭均匀悬浮于乙酸溶液中，然后将瓶放在振荡器上，盖好固定板，振荡30min。

（3）振荡结束后，用干燥漏斗过滤，为了减少滤纸吸附影响，将开始过滤的约5mL滤液弃去，其余溶液滤于干燥锥形瓶中。

（4）从1、2号瓶中各取15.00mL，从3、4、5号瓶中各取30.00mL的乙酸溶液，用标准NaOH溶液滴定，以酚酞为指示剂，每瓶滴2份，求出吸附平衡后乙酸的浓度。

（5）用移液管移取5.00mL原始HAc溶液并标定其准确浓度。

【数据记录与处理】

1. 实验数据记录

根据滴定数据，计算各瓶中乙酸的起始浓度 c_0，平衡浓度 c 及吸附量 Γ（表3-19-2）。

表3-19-2 各样品相关数据

锥形瓶编号	1	2	3	4	5
乙酸初始浓度 $c_0/(\mathrm{mol \cdot L^{-1}})$					
乙酸平衡浓度 $c/(\mathrm{mol \cdot L^{-1}})$					
吸附量 $\Gamma/(\mathrm{mol \cdot kg^{-1}})$					

2. 以吸附量 Γ 对平衡浓度 c 作吸附等温线。

3. 求饱和吸附量和吸附平衡常数。作 $\frac{c}{\Gamma}$-c 图，从斜率求出饱和吸附量 Γ_∞，再求出吸附平衡常数 K_c。

4. 由 Γ_∞ 计算活性炭的比表面积 S_0。

【注意事项】

1. 溶液的浓度配制要准确。
2. 活性炭颗粒要均匀且干燥。

【思考题】

1. 比表面积测定与哪些因素有关？
2. 本实验中产生误差的因素有哪些？
3. 讨论溶液浓度对吸附的影响。

实验 20　表面活性剂临界胶束浓度的测定

【实验目的】

1. 了解表面活性剂的特性及胶束形成原理。
2. 了解表面活性剂溶液临界胶束浓度的几种常用的测定方法。
3. 掌握一种测定电导率的方法。

【实验原理】

表面活性剂是一类能使水的表面张力明显降低的物质，这类物质含有亲水（极性）基团和亲油（非极性）基团。若按离子的类型分类，可分为以下三大类：①阴离子型表面活性剂，如羧酸盐（肥皂，$C_{17}H_{35}COONa$）、烷基硫酸盐［十二烷基硫酸钠，$CH_3(CH_2)_{11}SO_4Na$］、烷基磺酸盐［十二烷基苯酸钠，$CH_3(CH_2)_{11}C_8H_5SO_3Na$］等；②阳离子型表面活性剂，多为铵盐，如十二烷基二甲基叔铵盐酸盐和十二烷基一甲基苄基氯化铵；③非离子型表面活性基，如聚氧乙烯类$[R\text{-}O\text{-}(CH_2CH_2O)_n\text{-}H]$。

当表面活性剂溶于水中后，在低浓度时呈现分散状态，并且三三两两地把亲油基团靠拢而分散在水中，部分分子定向排列于液体表面，产生表面吸附现象。当溶液表面吸附达到饱和后，进一步增加浓度时，因表面层盖满了表面活性剂分子，表面活性剂分子会立刻自相缔合，即疏水亲油的基团相互靠拢，而亲水的极性基团与水接触，这样形成的缔合体称为“胶束”。以胶束形式存在于水中的表面活性物质是比较稳定的，表面活性物质在水中形成胶束所需的最低浓度称为临界胶束浓度（critical micelle concentration，CMC）。在 CMC 点上，由于溶液的结构改变导致其物理及化学性质（如表面张力、电导率、渗透压、浊度、光学性质等）与浓度的关系曲线出现明显的转折，如图 3-20-1 所示。图上的转折点可测定 CMC，也是表面活性剂的一个重要特征。

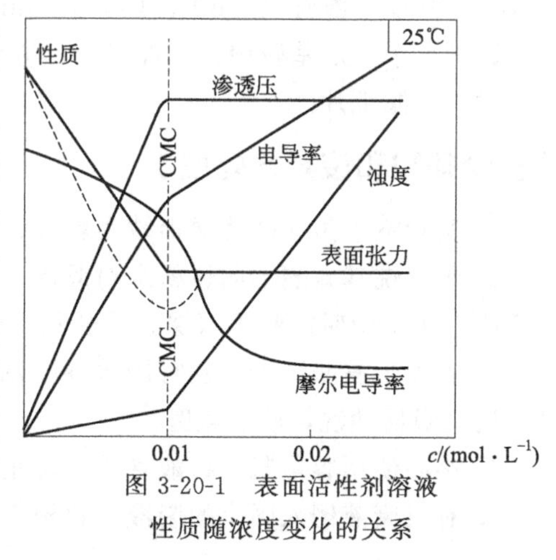

图 3-20-1　表面活性剂溶液性质随浓度变化的关系

这种特征行为也可用生成分子聚集体或胶束来说明，如图 3-20-2 所示，当表面活性剂溶于水中后，浓度低于 CMC 的情况下，溶液中的表面活性剂以单个分子的形式存在，定向地吸附在水溶液表面，随着浓度的增大，表面活性剂分子会形成胶束。该过程中，表面活性剂为了使自己在溶液中稳定存在，有可能采取两种途径：一是把亲水基留在水中，亲油基面向油相或空气，所以表面活性剂分子吸附在界面上，其结果是降低界面张力，形成定向排列的单分子膜；二是让表面活性剂的亲油基团相互靠在一起，以减少亲油基与水的接触面积，于是就形成了胶束。由于胶束的亲水基方向朝外，与水分子接触，而憎水基向内，被包在胶束内部，摆脱与水分子的接触，才能使表面活性剂稳定地溶入水中。

随着表面活性剂在溶液中浓度的增长，球形胶束还有可能转变成棒形胶束，以至层状胶束。如图 3-20-3，后者可用来制作液晶，它具有各向异性。

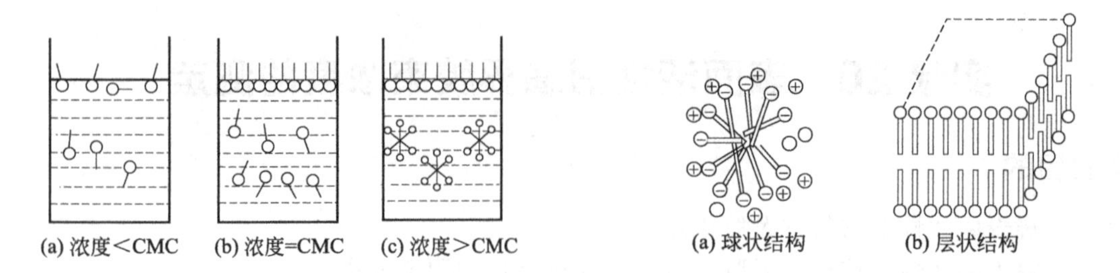

(a) 浓度＜CMC　(b) 浓度=CMC　(c) 浓度＞CMC

图 3-20-2　胶束形成过程示意图

(a) 球状结构　(b) 层状结构

图 3-20-3　胶束的球状结构和层状结构示意图

本实验过程中，选择电导率法时，利用电导率仪测定不同浓度的十二烷基硫酸钠水溶液的电导率值（也可换算成摩尔电导率），并作电导率（或摩尔电导率）与浓度的关系图，从图中的转折点即可求得 CMC；选择表面张力法时，利用表面张力仪测定不同浓度的吐温-80 水溶液的表面张力值，并作表面张力与浓度的关系图，从图中的转折点即可求得 CMC。

【仪器、试剂及材料】

仪器：DDS-11A 型电导率仪，BZY-102 型表面张力仪，电吹风，容量瓶（250mL、50mL），刻度移液管（25mL、10mL、5mL）。

试剂：十二烷基硫酸钠（A. R.），电导水，吐温-80（A. R.）。

材料：滤纸片。

【安全须知和废弃物处理】

1. 实验室中需穿戴普通棉纱实验服、防护目镜或面罩。

2. 十二烷基硫酸钠固体粉末对黏膜、眼睛和皮肤有刺激作用，能引起呼吸道和皮肤过敏反应，在使用时需戴丁腈橡胶手套和实验口罩。

3. 若发生皮肤沾染，及时用水冲洗沾染部位 10min 以上；若发生眼睛接触，应提起眼睑，用洗眼器冲洗，然后就医。

4. 小心使用容量瓶、移液管等，防止玻璃器皿破损划伤。

5. 有机废液倒入固定的废液回收桶。

【实验步骤】

1. 电导率法

（1）打开电导率仪（使用方法参见 2.6 节），预热 15min，校正常数。

（2）用 250mL 容量瓶配制 0.050mol·L^{-1} 的原始溶液，备用。

（3）用移液管分别量取 0.050mol·L^{-1} 原始溶液 8mL、12mL、14mL、16mL、18mL、20mL、24mL、28mL、32mL、36mL 置于 50mL 容量瓶中稀释至 50mL，配制成不同浓度的待测溶液。

（4）用电导率仪从低浓度到高浓度分别测定上述各溶液的电导率 κ。每个溶液的电导率读数 3 次，取平均值。测量第一个溶液的时候用纯水清洗电极，并吹干，每测量一个溶液之前，电极用待测液清洗即可。

（5）实验结束后，按规定保存电导电极。

2. 表面张力法

（1）把表面张力仪按要求校正（使用方法参见 2.7 节）。

（2）用蒸馏水冲洗铂环，然后将其放在滤纸上沾干；铂环应十分平整，洗净后不能用手触摸。

（3）用 250mL 容量瓶配制 0.050mol・L^{-1} 的原始溶液，备用。

（4）用移液管分别量取 0.050mol・L^{-1} 原始溶液 8mL、12mL、14mL、16mL、18mL、20mL、24mL、28mL、32mL、36mL 置于 50mL 容量瓶中稀释至 50mL，配制成不同浓度的待测溶液。

（5）使用表面张力仪从低浓度到高浓度分别测定上述各溶液的表面张力 σ。每个溶液的表面张力测 3 次，取平均值。每测量一个溶液之前，样品池用待测液清洗即可。

【数据记录与处理】

1. 实验数据记录（表 3-20-1、表 3-20-2）

表 3-20-1　各组溶液的电导率

十二烷基硫酸钠浓度 /(mol・L^{-1})	0	0.0040	0.0060	0.0070	0.0080	0.0090	0.010	0.012	0.014	0.016	0.018
κ_1/(mS・cm^{-1})											
κ_2/(mS・cm^{-1})											
κ_3/(mS・cm^{-1})											
平均值											

表 3-20-2　各组溶液的表面张力

吐温-80/(mol・L^{-1})	0	0.0040	0.0060	0.0070	0.0080	0.0090	0.010	0.012	0.014	0.016	0.018
σ_1/(mN・m^{-1})											
σ_2/(mN・m^{-1})											
σ_3/(mN・m^{-1})											
平均值											

2.（1）作电导率 κ 与浓度 c 关系图，从图中的转折点找出临界胶束浓度 CMC。

（2）作表面张力 σ 与浓度 c 关系图，从图中的转折点找出临界胶束浓度 CMC。

【注意事项】

1. 取待测溶液时，应防止振摇猛烈，产生大量气泡影响测定。
2. 清洗电导电极时，两个铂片不能有机械摩擦，可用电导水淋洗，后将其竖直，用滤纸轻吸，将水吸净。
3. 清洗铂环时，保持铂环平整。
4. 注意测定应按由低到高的浓度顺序测量样品的电导率或表面张力。
5. 电极在使用过程中其电极片必须完全浸入到所测的溶液中。
6. 表面张力仪使用后，应按照要求将游标逆时针回零。

【思考题】

1. 若要知道所测得的临界胶束是否准确，可用什么实验方法验证？
2. 试解释表面张力、电导率、渗透压等性质，为什么在 CMC 处突然变化？

实验 21　溶胶的制备与电泳

【实验目的】

1. 熟悉溶胶的制备方法。
2. 掌握半透膜纯化技术。
3. 了解电泳法测定溶胶电动电势的原理，掌握电泳法测定溶胶电动电势的方法。
4. 通过观察溶胶的电泳现象，加深对溶胶电泳现象的理解。

【实验原理】

1. 溶胶的制备

溶胶是一种将大小在 1～100nm 的固体粒子（称分散相）分散在液体介质（称分散介质）中形成的多相分散体系，相界面很大。溶胶是热力学不稳定体系，需要依靠稳定剂使其形成离子或分子吸附层，从而得到暂时的稳定。

溶胶的制备方法有以下三类：(1) 分散法是指在分散介质和稳定剂存在的情况下，把较大物质颗粒变为胶体粒子的方法。研磨法、机械作用法、超声波法、振荡搅拌法等是常用的分散法；(2) 凝聚法是先制成难溶物的分子（或离子）的过饱和溶液，再使之聚合成胶体的质点的方法，有更换溶剂法和化学反应法等；(3) 分散-凝聚法是将分散法与凝聚法联合进行操作的一种方法，可先分散后凝聚或先凝聚后分散，有蒸气法、电弧法和胶溶法。

本实验通过 $FeCl_3$ 在沸水中水解形成 $Fe(OH)_3$ 的固相颗粒，而制得 $Fe(OH)_3$ 溶胶。反应式如下：

$$FeCl_3 + 3H_2O \longrightarrow Fe(OH)_3 + 3HCl \tag{3-21-1}$$

溶胶表面的 $Fe(OH)_3$ 又与 HCl 反应：

$$Fe(OH)_3 + HCl \longrightarrow FeOCl + 2H_2O \tag{3-21-2}$$

FeOCl 解离为：

$$FeOCl \longrightarrow FeO^+ + Cl^- \tag{3-21-3}$$

FeO^+ 与 $Fe(OH)_3$ 组成类似的离子，所以优先被吸附，使 $Fe(OH)_3$ 胶粒带正电荷。胶团结构为：

$$\{[Fe(OH)_3]_m \cdot nFeO^+(n-x)Cl^-\}^{x+} \cdot xCl^-$$

胶核　紧密层　扩散层

胶粒

胶团

2. 溶胶的纯化

本方法制得的溶胶中都存在有电解质。电解质的浓度过高，对溶胶的稳定性有影响，因此要通过渗析作用分离出部分电解质而提高稳定性。渗析作用是依靠胶体粒子较大不能透过半透膜，而电解质的离子可通过半透膜的性质达到分离电解质的目的。该过程被称为纯化，本实验采用渗析袋作为半透膜，分离 $Fe(OH)_3$ 溶胶中多余的 H^+ 和 Cl^-。

纯化时，将刚制备的溶胶装在渗析袋内，浸入纯水中。电解质和杂质在膜内的浓度大于在膜外的浓度，因此，溶胶中的离子和其他能透过膜的分子通过半透膜向膜外迁移，而直径较大的胶粒则不能透过，这样就可以将杂质从溶胶中除去，达到纯化的目的。

为提高渗析速度，加速溶胶的纯化过程，可采用如下方法。

(1) 尽可能扩大半透膜面积，选择合适规格的渗析袋。

(2) 及时更换纯溶剂，保持膜内外杂质离子较高的浓度梯度。

(3) 通过搅拌使溶剂和溶胶分别处于对流、湍流状态。通过适当提高温度、外加直流电源、加压或减压过滤的方法等。

3. 电泳

在固-液界面体系中，由于固体的吸附现象，固-液界面会出现双电层。当胶体相对静止时，整个溶液显电中性。在外电场作用下，胶粒向异性电极做定向移动的现象，称为电泳，此时就会产生电位差，该电位差称为 ζ 电势。ζ 电势是表征胶体特性的重要物理量之一，在研究胶体性质及实际应用中有着重要的作用。ζ 电势和胶体的稳定性有密切关系，ζ 值越大，表明胶粒所带电荷越多，胶粒之间的斥力越大，胶体越稳定。反之，则不稳定。当 ζ 电势为零时，胶体的稳定性最差。

胶粒的电泳速度与电动电势的大小相关，利用电泳现象可测定 ζ 电势。而 ζ 电势不仅与测定条件有关，还取决于胶体颗粒的性质。本实验是在一定的外加电场强度下通过测定 $Fe(OH)_3$ 胶粒的电泳速度来测定 ζ 电势。

在电泳仪两极间接上电位差 U(V) 后，在 t(s) 时间内溶胶界面移动的距离为 d(m)，即溶胶电泳速度 $v(m \cdot s^{-1})$ 为：

$$v=d/t \tag{3-21-4}$$

相距为 L(m) 的两极间电位梯度平均值 $H(V \cdot m^{-1})$ 为：

$$H=U/L \tag{3-21-5}$$

从实验求得胶粒电泳速度后，可按下式求 ζ(V) 电位：

$$\zeta=K\pi\eta v/\varepsilon H \tag{3-21-6}$$

式中　K——与胶粒形状有关的常数（对于球形粒子 $K=5.4\times10^{10} V^2 \cdot s^2 \cdot kg^{-1} \cdot m^{-1}$；对于棒形粒子 $K=3.6\times10^{10} V^2 \cdot s^2 \cdot kg^{-1} \cdot m^{-1}$，本实验胶粒为棒形）；

η——介质的黏度（$kg \cdot m^{-1} \cdot s^{-1}$）；

ε——介质的介电常数。

【仪器、试剂及材料】

仪器：DDS-11A 电导率仪，直流稳压电源，U 形电泳管，铂电极，电加热套，秒表，漏斗，滴管，烧杯（150mL、500mL），量筒（10mL、100mL、500mL），容量瓶（100mL）。

试剂：$FeCl_3$ 溶液（10%），$AgNO_3$ 溶液（1%），KCNS 溶液（1%），纯水，盐酸（A. R.）。

材料：渗析袋（截留分子量 1000D，压平宽度 45mm），广泛 pH 试纸，精密 pH 试纸。

【安全须知和废弃物处理】

1. 实验室中需穿戴普通棉纱实验服、防护目镜或面罩。

2. 取用化学试剂、处理溶液时需戴丁腈橡胶手套，盐酸对眼睛、黏膜和皮肤有刺激作用，若发生皮肤沾染，及时用水冲洗沾染部位 10min 以上；若发生眼睛接触，应提起眼睑，用洗眼器冲洗，然后就医。

3. 正确使用直流电源和电加热套，注意防止触电和烫伤。

4. 轻拿轻放电泳管和铂电极等，防止玻璃器皿破损划伤。

5. 易爆废液和废酸液倒入固定的废液回收桶。

【实验步骤】

1. 溶胶的制备

向 150mL 烧杯中倒入 95mL 纯水，将其加热至沸腾。用量筒量取 10% $FeCl_3$ 水溶液 5mL，使用滴管缓慢滴加至烧杯中，控制在 4～5min 内滴完，在滴加时不断搅拌，滴完后继续煮沸 5min 左右，制得红棕色 $Fe(OH)_3$ 溶胶，用冷水将溶胶冷却至室温。

2. 胶体的纯化

取一定长度（约 40cm）的渗析袋，拴紧渗析袋底部，浸泡在纯水中 10min，将制得的 $Fe(OH)_3$ 溶胶用漏斗缓慢注入半透膜渗析袋中，用线将袋口拴紧后置于装有纯水的 500mL 量筒中，在 60～70℃温度下进行热渗析，每 20min 更换一次纯水。重复 5 次后，取少量的透析液，分别用 $AgNO_3$ 溶液和 KCNS 溶液检验透析液中是否还有 Cl^- 和 Fe^{3+}，直至不能检查出 Cl^- 和 Fe^{3+} 为止。将纯化后的 $Fe(OH)_3$ 移置于干燥清洁的旋塞烧瓶中待用。

3. 盐酸辅助液的制备

用电导率仪（使用方法参见 2.6 节）测定制备好的 $Fe(OH)_3$ 溶胶的电导率，然后配制与其相同电导率的盐酸溶液。根据给出的盐酸电导率和浓度的关系，用内插法求与该电导率对应的盐酸浓度，并在 100mL 容量瓶中配制该浓度的盐酸浓度。

4. ζ 电势的测定

（1）加溶胶。按照图 3-21-1 连接好装置，取干燥洁净的电泳管，用盐酸辅助液冲洗几次，并且固定在铁架台上，关闭下端活塞。通过漏斗往电泳管中小心缓慢滴加纯化后的溶胶，至球形部分的 3/4 体积处。

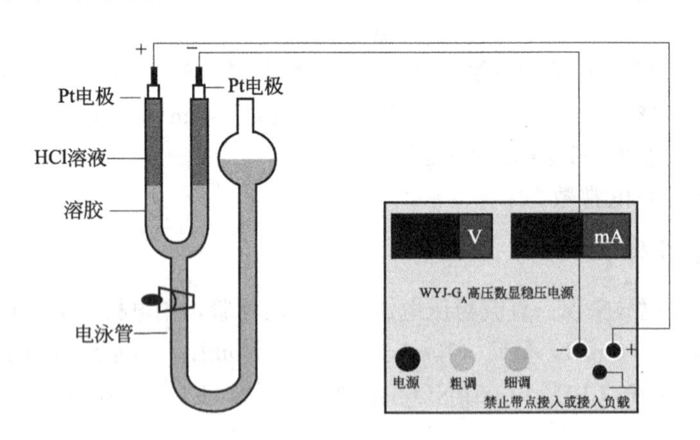

图 3-21-1　电泳实验装置

（2）加盐酸辅助液。取 10mL 盐酸辅助液缓慢注入 U 形电泳管中。U 形电泳管两侧插入铂电极。

（3）形成分界面。缓慢开启活塞，溶胶缓慢顶着辅助液进入 U 形管中，一定要通过活塞严格控制流入速度，过程保持缓慢，使溶胶和盐酸辅助液之间形成一个清晰的界面，并且根据实际情况补充溶胶，使盐酸辅助液上升到能浸没电极为止，记下界面刻度，关闭活塞。

(4) 电泳。打开直流稳压电源，迅速调节输出电压为 30V，电泳 1h，记下溶胶液面的刻度，记录界面移动的方向和计算界面下降的距离 d，并且用软尺量取 U 形管两铂电极之间的距离（非水平距离，导电距离）。

5. 实验结束

实验结束后，切断电源，拆除线路。清洗电泳管，电极浸泡在纯水中。

【数据记录与处理】

1. 实验数据记录（表 3-21-1）

表 3-21-1 电泳实验数据记录

电泳时间 t/s	两电极间的电位差 U/V	两电极间距离 L/cm	溶胶液面移动距离 d/cm

2. 根据式（3-21-6）计算 $Fe(OH)_3$ 溶胶的 ζ 电势。

【注意事项】

1. 制备 $Fe(OH)_3$ 溶胶时 $FeCl_3$ 溶液要逐滴缓慢加入，并使用玻璃棒不断搅拌。

2. 电泳仪 U 形管应洗净，避免因杂质混入电解质溶液而影响溶胶的 ζ 电势，甚至引起溶胶聚沉。

3. 量取两电极的距离时，要沿电泳管的中心线量取。

4. 电泳时间不宜过长。

【思考题】

1. 什么是胶体？化学凝聚法制备 $Fe(OH)_3$ 溶胶的基本原理是什么？制备 $Fe(OH)_3$ 溶胶的方法还有哪些？

2. 实验中 $Fe(OH)_3$ 胶体带什么电荷？

3. 辅助液的电导率为什么必须和所测溶胶的电导率十分接近？

4. 哪些因素会对电泳速度的快慢造成影响？

5. 长时间通电会使溶胶和辅助液发热，这对测量结果有什么影响？

实验 22 高聚物摩尔质量的测定

【实验目的】

1. 了解黏度法测定高聚物平均摩尔质量的基本原理和方法。

2. 掌握乌氏黏度计的使用方法。

3. 测定聚丙烯酰胺的摩尔质量。

【实验原理】

单体分子经加聚或缩聚过程便可合成高聚物。高聚物的摩尔质量对它的性能影响很大，是个重要的基本参数。它具有以下特点：一是摩尔质量一般在 $10^3 \sim 10^7$ g · mol^{-1} 之间，比低分子大得多；二是除了几种蛋白质高分子以外，无论是天然还是合成的高聚物，摩尔质量都是不均一的，也就是说高聚物的摩尔质量通常是指平均值。

测定高聚物分子量的方法有很多，如渗透压、黏度法、光散射及超速离心沉降平衡等方法。不同方法所得分子量有所不同，黏度法相对来说设备简单，操作方便，同时具有良好的实验精度，于是常用黏度法测定高聚物摩尔质量。

液体流动时内摩擦力大小通过黏度来反映。高聚物溶液的特点是黏度特别大，原因在于其分子链长度远大于溶剂分子，加上溶剂化作用，使其在流动时受到较大的内摩擦力，黏性液体在流动过程中所受阻力的大小可用黏度系数 η（简称黏度）来表示。高聚合物溶液黏度的变化，一般采用下列有关的黏度量进行描述。

高聚物溶液的黏度包括高聚物分子间的内摩擦力、高聚物分子与溶剂分子间的内摩擦力以及溶剂分子间内摩擦力三者之和。

纯溶剂黏度一般用 η_0 表示，反映了溶剂分子间的内摩擦力。在相同温度下，通常高聚物溶液的黏度 η 大于纯溶剂黏度 η_0，即 $\eta > \eta_0$，为了比较这两种黏度，引入增比黏度的概念，以 η_{sp} 表示，即：

$$\eta_{sp} = \frac{\eta - \eta_0}{\eta_0} = \eta_r - 1 \tag{3-22-1}$$

式中　η_r——相对黏度，定义为溶液黏度与纯溶剂黏度的比值。

$$\eta_r = \frac{\eta}{\eta_0} \tag{3-22-2}$$

η_r 反映的也是黏度行为，而 η_{sp} 则表示已扣除了溶剂分子间的内摩擦效应。

高聚物的增比黏度 η_{sp} 往往随质量浓度 c 的增加而增加。为了便于比较，将单位浓度所显示的增比黏度 η_{sp}/c 称为比浓黏度，而 $\ln\eta_r/c$ 称为比浓对数黏度。当溶液无限稀释时，高聚物分子彼此相隔甚远，它们之间的相互作用可以忽略，此时可表示为：

$$\lim_{c \to 0} \frac{\eta_{sp}}{c} = \lim_{c \to 0} \frac{\ln\eta_r}{c} = [\eta] \tag{3-22-3}$$

式中　$[\eta]$——特性黏度，它反映的是高分子与溶剂分子之间的内摩擦力，其数值取决于溶剂的性质以及高聚物分子的大小和形态。由于 η_r 和 η_{sp} 均是无量纲量，因此 $[\eta]$ 的单位是浓度 c 单位的倒数。

在足够稀的高聚物溶液中，η_{sp}/c 与 c、$\frac{\ln\eta_r}{c}$ 与 c 之间分别符合下述经验关系式：

$$\eta_{sp}/c = [\eta] + \kappa[\eta]^2 c \tag{3-22-4}$$

$$\frac{\ln\eta_r}{c} = [\eta] - \beta[\eta]^2 c \tag{3-22-5}$$

式中　κ——Huggins 常数；

β——Kramer 常数。

这是两个直线方程，通过 η_{sp}/c 对 c、$\ln\eta_r/c$ 对 c 作图，外推至 $c \to 0$ 时所得的截距即为 $[\eta]$。显然，对于同一高聚物，由上面两个线性方程作图外推所得截距应交于同一点，如图 3-22-1 所示。

实验证明，对于指定的聚合物在给定的溶剂和温度下，特性黏度 $[\eta]$ 和高聚物分子量

M 之间的关系通常用 Mark-Houwink 经验方程式来表示：

$$[\eta]=kM^{\alpha} \tag{3-22-6}$$

式中　M——黏均分子量；

k——与温度、高聚物及溶剂性质有关的常数，k 值对温度较为敏感；

α——与温度、高聚物及溶剂性质有关的常数，溶液中高分子几何形状的函数，α 值取决于高聚物分子链在溶剂中的舒展程度。

由此可以看出，高聚物分子量的测定最后归结为溶液特性黏度［η］的测定。液体黏度的测定方法有三种：落球法、转筒法和毛细管法。前两种适用于高、中黏度的测定，毛细管法适用于较低黏度的测定。本实验适合采用毛细管法，用乌氏黏度计（图 3-22-2）进行测定。当液体在重力作用下流经毛细管时，遵守泊松（Poiseuille）定律：

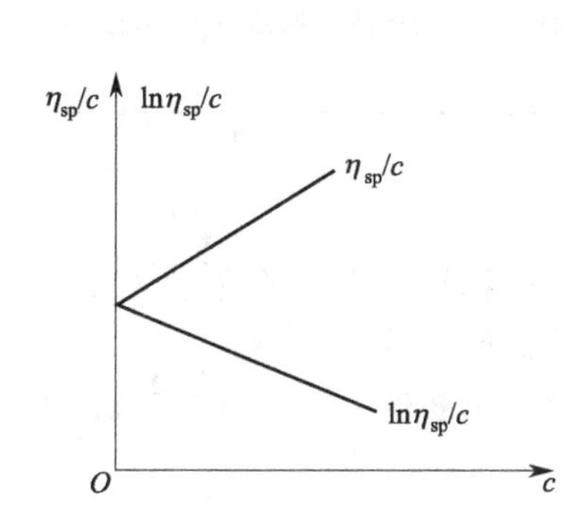

图 3-22-1　外推法求［η］

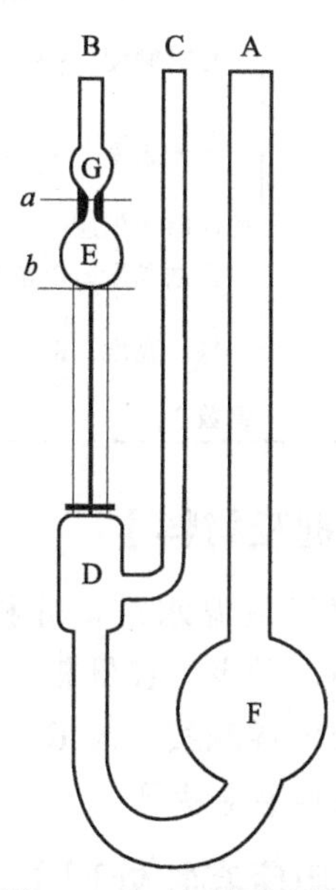

图 3-22-2　乌氏黏度计

$$\eta=\frac{\pi r^{4}pt}{8Vl}=\frac{\pi h\rho g r^{4}t}{8Vl} \tag{3-22-7}$$

式中　t——体积为 V 的液体流经毛细管的时间；

l——毛细管的长度。用同一支黏度计在相同条件下测定两种液体的黏度时，它们的黏度之比就等于密度与流出时间之比：

$$\frac{\eta_1}{\eta_2}=\frac{\rho_1 t_1}{\rho_2 t_2} \tag{3-22-8}$$

如果用已知黏度为 η_1 的液体作为参考液体，则待测液体的黏度 η_2 可通过式（3-22-8）求得。

在测定溶液和溶剂的相对黏度时，如果是稀溶液（$c<1\times10\text{kg}\cdot\text{m}^{-3}$），溶液的密度与溶剂的密度可近似地看作相同，则相对黏度可以表示为：

$$\eta_r=\frac{\eta}{\eta_0}=\frac{t}{t_0} \tag{3-22-9}$$

式中　η——溶液的黏度；

η_0——纯溶剂的黏度；

t——溶液的流出时间；

t_0——纯溶剂的流出时间。

实验中，只要测出不同浓度下高聚物的相对黏度，即可求得 η_{sp}、η_{sp}/c 和 $\ln\eta_r/c$。作 η_{sp}/c 对 c、$\ln\eta_r/c$ 对 c 关系图，外推至 $c\rightarrow0$ 时即可得 $[\eta]$，在已知 k、α 值条件下，可由式（3-22-6）计算出高聚物的分子量。表 3-22-1 为常用黏度术语。

表 3-22-1　常用黏度术语的符号及物理意义

符号	名称与物理意义
η_0	纯溶剂的黏度。溶剂分子与溶剂分子间的内摩擦表现出来的黏度
η	溶液的黏度。溶剂分子与溶剂分子之间，高聚物分子与高聚物分子之间和高聚物分子与溶剂分子之间三者内摩擦的综合表现
η_r	相对黏度。$\eta_r=\dfrac{\eta}{\eta_0}$，溶液黏度对溶剂黏度的相对值
η_{sp}	增比黏度。$\eta_{sp}=\dfrac{\eta-\eta_0}{\eta_0}=\eta_r-1$，反映高聚物分子与高聚物分子之间、纯溶剂与高聚物分子之间的内摩擦效应
η_{sp}/c	比浓黏度。单位浓度下所显示出的黏度
$[\eta]$	特性黏度。$\lim\limits_{c\rightarrow0}\dfrac{\eta_{sp}}{c}=[\eta]$，反映高聚物分子与溶剂分子之间的内摩擦效应，其单位是浓度单位的倒数

【仪器、试剂及材料】

仪器：超级恒温水浴，分析天平，乌氏黏度计，洗耳球，刻度移液管（1mL、2mL、5mL、10mL），秒表，容量瓶（1000mL、25mL），胶头滴管，铁架台。

试剂：聚丙烯酰胺（A. R.），硝酸钠（$3\mathrm{mol}\cdot\mathrm{L}^{-1}$），硝酸钠（$1\mathrm{mol}\cdot\mathrm{L}^{-1}$），纯水。

材料：乳胶管，夹子。

【安全须知和废弃物处理】

1. 实验室中需穿戴普通棉纱实验服、防护目镜或面罩。
2. 取用化学试剂、处理溶液时需戴丁腈橡胶手套，若发生沾染，及时用水冲洗沾染部位 10min 以上。
3. 拿捏和夹持乌氏黏度计的着力点单独放 A 管上，防止黏度计折断，导致破损划伤。
4. 正确使用超级恒温水浴，注意防止触电和循环水溢出。
5. 有机废液倒入固定的废液回收桶。

【实验步骤】

（1）溶液配制。称取聚丙烯酰胺 1.000g，用 1000mL 容量瓶配成水溶液。用玻璃砂芯漏斗过滤。

（2）调节超级恒温水浴温度至（30.0±0.1）℃。在干燥洁净的乌氏黏度计 B 管和 C 管上分别套上一段乳胶管，黏度计垂直安装在铁架台上并且使水面完全浸没 G 球，固定在恒温水浴中。

（3）用移液管吸取聚丙烯酰胺溶液 10mL，由 A 管注入黏度计中，再移入 $1\mathrm{mol}\cdot\mathrm{L}^{-1}$ 的 $NaNO_3$ 溶液 5mL，在 C 管处用洗耳球对乳胶管吹气，使溶液混合均匀，恒温 10min。

（4）用夹子将C管乳胶管夹紧，使之不漏气，用洗耳球在B管处将溶液吸至G球2/3处，然后将B、C管放开，与大气连通，此时球G中的液面下降，D球内的溶液即回入F球，使毛细管以上的液体悬空。毛细管以上的液体下落，当液面流经a刻度时开始计时，当液面降至b刻度时停止计时，测得刻度a、b之间的液体流经毛细管所需时间。重复这一操作三次，测量值相差不大于0.3s，取三次的平均值为t_1。

（5）依次从A管用移液管加入5mL、10mL、15mL…$1mol \cdot L^{-1}$ $NaNO_3$溶液，将溶液稀释并混合均匀，溶液浓度分别为c_2、c_3、c_4，恒温后用步骤（4）方法测定每份溶液流经毛细管的时间t_2、t_3、t_4。应注意每次加入$NaNO_3$溶液后，要充分混合均匀，并冲洗黏度计的E球和G球，使黏度计内溶液各处的浓度相等。

（6）上述溶液测完以后，用$1mol \cdot L^{-1}$ $NaNO_3$溶液清洗黏度计1～2次，然后由A管加入约15mL（$1mol \cdot L^{-1}$）$NaNO_3$溶液。测定$NaNO_3$溶液流出的时间t_0。用纯水洗净黏度计，尤其要反复流洗黏度计的毛细管部分。

（7）倒出溶液，用纯水反复洗涤，再放入盛有洁净纯水的超声波清洗机中清洗5min，再用纯水洗净。

【数据记录与处理】

1. 实验数据记录（表3-22-2）

表3-22-2　流出时间的测定

序号	0	1	2	3	4
t/s	t_0	t_1	t_2	t_3	t_4
$c/(g \cdot cm^{-3})$		c_1	c_2	c_3	c_4
η_r					
$\ln\eta_r$					
η_{sp}					
η_{sp}/c					
$\ln\eta_r/c$					

2. 作η_{sp}/c-c图及$\ln\eta_r/c$-c图外推至$c \to 0$求得截距A，A即为$[\eta]$。

3. 由Mark-Houwink经验方程式$[\eta]=kM^\alpha$计算出聚丙烯酰胺的黏均摩尔质量M^α。（已知30℃时$1mol \cdot L^{-1}NaNO_3$溶液中聚丙烯酰胺的$k=37.3\times10^3 L \cdot kg^{-1}$，$\alpha=0.66$。）

【注意事项】

1. 安装乳胶管时要十分小心，乌氏黏度计B管极易折断。

2. 实验过程中溶液要混合均匀，按照实验室要求恒温，否则不易达到测定精度。

3. 测定时黏度计要垂直放置，实验过程中不要使其振动和拉动，否则影响实验结果的准确性。

4. 高聚物在溶剂中溶解缓慢，配制溶液时必须保证其完全溶解，否则会影响溶液起始溶度，导致结果偏低。

5. 实验结束一定要按要求清洗黏度计，否则将影响下一组实验的进行。

6. 数据处理时，建议用计算机软件作图拟合直线，这样外推求得的截距比较准确。

【思考题】

1. 高聚物溶液的 η_{sp}、η_{sp}/c、$[\eta]$ 的物理意义是什么?
2. 本实验中，如果黏度计未干燥，对实验结果有影响吗?
3. 为什么用 $[\eta]$ 来求算高聚物的摩尔质量? 它和纯溶剂黏度有无区别?
4. 测量时黏度计倾斜放置会对测定结果有什么影响?

V 结构化学实验

实验 23 偶极矩的测定

【实验目的】

1. 掌握溶液法测定正丁醇偶极矩的原理、方法和计算。
2. 熟悉小电容仪、折射仪和比重瓶的使用。
3. 测定正丁醇的偶极矩，了解偶极矩与分子电性质的关系。
4. 掌握测定液体介电常数的实验方法。

【实验原理】

1. 偶极矩与极化度

分子结构可以近似地看成是由电子云和分子骨架（原子核及内层电子）构成的，分子本身呈电中性，但由于分子空间构型的不同，其正负电荷中心可重合也可不重合，前者称为非极性分子，后者称为极性分子。分子极性的大小常用偶极矩（μ）（图 3-23-1）来度量，其定义是：

$$\mu=q\cdot d \tag{3-23-1}$$

式中 q——正负电荷中心所带的电荷量，C；

d——正负电荷中心之间的距离，m。

偶极矩的 SI 单位是库［仑］米（C·m）。

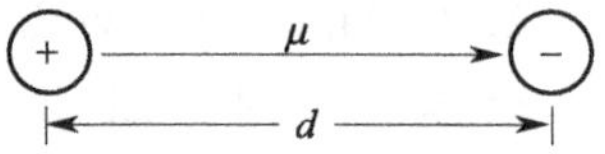

图 3-23-1 偶极矩示意图

外电场不存在时，对非极性分子而言，分子本身虽会振动，正负电荷中心可能会发生相对位移而产生瞬时偶极矩，但根据宏观得到的实验测试平均结果为零。对于具有永久偶极矩的极性分子，因分子的热运动，偶极矩在空间各个方向的指向概率相同，故偶极矩的宏观实验测试平均结果仍为零。

若极性分子放置于均匀的外电场中，分子在电场的作用下会沿电场方向转动，同时发生电子云对分子骨架的相对移动和分子骨架的变形，这种现象被称为极化。极化的程度用摩尔极化度 P 来衡量。P 是转向极化、电子极化和原子极化的总和：

$$P=P_{转向}+P_{电子}+P_{原子} \tag{3-23-2}$$

$P_{转向}$ 与永久偶极矩的平方成正比，与热力学温度 T 成反比，其关系为：

$$P_{转向}=\frac{4}{3}\pi L\ \frac{\mu^2}{3kT}=\frac{4}{9}\pi L\ \frac{\mu^2}{kT} \tag{3-23-3}$$

式中 k——玻耳兹曼常数；

L——阿伏伽德罗常数；

T——热力学温度，K。

因 $P_{原子}$ 在 P 中相对较小，在非精确测量中，$P_{原子}$ 可以忽略为零，即：

$$P=P_{转向}+P_{电子} \tag{3-23-4}$$

在频率约为 $10^{15}\,s^{-1}$ 的高频交流电场（紫外可见光）中，极性分子的定向运动和分子极化都跟不上电场的变化，$P_{转向}=0$，在该条件下测得的是 $P=P_{电子}$。当处于频率小于 $10^{10}\,s^{-1}$ 的低频电场或静电场中，测得极性分子的摩尔极化度 P，此时 $P_{转向}=P-P_{电子}$，代入式(3-23-3)，即可求得极性分子的永久偶极矩 μ。

通过偶极矩的测定可以了解分子结构中有关电子云的分布和分子的对称性等情况，还可以判别几何异构体和分子的立体结构等。

2. 极化度的测定

所谓溶液法就是在无限稀释的非极性溶剂的溶液中，溶质分子所处的状态与气相时相近，于是无限稀释溶液中溶质的摩尔极化度 P_2^{∞} 就可以看作 P。

海德斯特兰（Hedestran）首先利用稀溶液的近似公式：

$$\varepsilon_{溶}=\varepsilon_1(1+\alpha x_2) \tag{3-23-5}$$

$$\rho_{溶}=\rho_1(1+\beta x_2) \tag{3-23-6}$$

再根据溶液的加和性，推导出无限稀释时溶质摩尔极化度的公式：

$$P=P_2^{\infty}=\lim_{x_2\to 0}P_2=\frac{3\alpha\varepsilon_1}{(\varepsilon_1+2)^2}\times\frac{M_1}{\rho_1}+\frac{\varepsilon_1-1}{\varepsilon_1+2}\times\frac{M_2-\beta M_1}{\rho_1} \tag{3-23-7}$$

式中 ε_1、$\varepsilon_{溶}$——溶剂、溶液的介电常数；

ρ_1、$\rho_{溶}$——溶剂、溶液的密度，$g\cdot cm^{-3}$；

M_1、M_2——溶剂、溶质的摩尔质量，$g\cdot mol^{-1}$；

x_2——溶质的摩尔分数；

α——与 $\varepsilon_{溶}$-x_2 直线斜率相关的常数；

β——与 $\rho_{溶}$-x_2 直线斜率相关的常数。

同样可以推得无限稀释时溶质的摩尔折射度 R_2^{∞} 的公式：

$$P_{电子}=R_2^{\infty}=\lim_{x_2\to 0}R_2=\frac{n_1^2-1}{n_1^2+2}\times\frac{M_2-\beta M_1}{\rho_1}+\frac{6n_1^2M_1\gamma}{(n_1^2+2)^2\rho_1} \tag{3-23-8}$$

在稀溶液情况下，也存在近似公式：

$$n_{溶}=n_1(1+\gamma x_2) \tag{3-23-9}$$

式中 $n_{溶}$——溶液的折射率；

n_1——溶剂的折射率；

γ——与 $n_{溶}$-x_2 直线斜率有关的常数。

3. 偶极矩的计算

考虑到原子极化度通常只有电子极化度的 5%～10%，而且 $P_{转向}$ 又比 $P_{原子}$ 大得多，故常常忽略原子极化度。

$$P_{转向}=P_2^{\infty}-R_2^{\infty}=\frac{4}{9}\pi L\frac{\mu^2}{kT} \tag{3-23-10}$$

上式把物质分子的微观性质偶极矩和它的宏观性质介电常数、密度和折射率联系起来了，分子的永久偶极矩就可用下面简化式计算：

$$\mu=0.04274\times10^{-30}\sqrt{(P_2^{\infty}-R_2^{\infty})T}\ (\mathrm{C\cdot m}) \tag{3-23-11}$$

在某些情况下，若需要考虑 P 原子的影响时，只需对 R_2^{∞} 部分修正就行了。

溶液法测得的溶质偶极矩与气相测得的真实值之间存在偏差，造成这种现象的原因是非极性溶剂与极性溶质分子相互作用——溶剂化作用的结果，这种偏差现象称为溶液法测量偶极矩"溶剂效应"。此外，测定偶极矩的实验方法还有多种，如温度法、分子束法、分子光谱法以及利用微波谱的斯塔克法等。

本实验是将正丁醇溶于非极性的环己烷中形成稀溶液，然后在低频电场中测量溶液的介电常数和溶液的密度求得 P_2^{∞}，在可见光下测定溶液的 R_2^{∞}，然后由下式计算正丁醇的偶极矩。

$$P=P_2^{\infty}-R_2^{\infty}=\frac{4}{9}\pi L\ \frac{\mu^2}{kT}$$

$$\mu=0.0128\sqrt{(P_2^{\infty}-R_2^{\infty})T}\ (\mathrm{D})\approx0.04274\times10^{-30}\sqrt{(P_2^{\infty}-R_2^{\infty})T}\ (\mathrm{C\cdot m}) \tag{3-23-12}$$

4．介电常数的测定

介电常数是通过测量电容计算而得到的。本实验采用小电容测量仪法测量电容。

若电容池两极间真空时和充满待测液时的电容分别为 C_0 和 C_x，则该物质的介电常数 ε 与电容的关系为：

$$\varepsilon=\frac{\varepsilon_x}{\varepsilon_0}=\frac{C_x}{C_0} \tag{3-23-13}$$

式中　ε_0——真空的电容率；

　　ε_x——待测液的电容率。

当将电容池插在小电容测量仪上测量电容时，仪器实际显示的电容（C'_x）应是电容池待测液的电容（C_x）与整个测试系统中的分布电容（C_d）之和。C_d 对同一台仪器而言是一个恒定值，称为仪器的本底值，需先求出仪器的 C_d，并在各次测量中予以扣除。因相同电容池中空气与真空的电容相差不大，即 $C_空=C_0$，故有：

$$C'_空=C_空+C_d\approx C'_0=C_0+C_d \tag{3-23-14}$$

对标准物和待测液亦有：

$$C'_标=C_标+C_d=\varepsilon_标 C_0+C_d \tag{3-23-15}$$

由以上两式得：

$$C_d=\frac{\varepsilon_标 C'_0-C'_标}{\varepsilon_标-1} \tag{3-23-16}$$

$$C'_x=C_x+C_d \tag{3-23-17}$$

因常见标准物的介电常数 $\varepsilon_标$ 已知，故只要测定同一电容池以空气、标准物分别作为介质时的电容 $C'_空$ 和 $C'_标$，即可得到 C_d 和 C_0，在测定待测液的电容 C'_x 后减去 C_d 即可得到其真实电容 C_x，并计算得到其介电常数 ε。

【仪器、试剂及材料】

仪器：PGM-Ⅱ型数字小电容测试仪，阿贝折射仪，分析天平，超级恒温水浴，比重瓶（10mL），滴瓶（50mL），移液管（5mL），电吹风，胶头滴管。

试剂：环己烷（A. R.），正丁醇（A. R.）摩尔分数分别为0.04、0.06、0.08、0.10和0.12的五种正丁醇-环己烷溶液。

材料：擦镜纸，乳胶管。

【安全须知和废弃物处理】

1. 实验室中需穿戴普通棉纱实验服、防护目镜或面罩。

2. 取用化学试剂、处理有机溶液时需戴丁腈橡胶手套，若发生皮肤沾染，及时用水冲洗沾染部位10min以上。

3. 正确使用小电容测定仪和电吹风，注意防止触电。

4. 轻拿轻放比重瓶和滴瓶等，防止玻璃器皿破损划伤。

5. 有机废液倒入固定的废液回收桶。

【实验步骤】

1. 折射率测定

在25℃条件下，用阿贝折射仪（使用方法参见2.1节）分别测定环己烷和五份溶液的折射率。

2. 密度的测定

在25℃条件下，用比重瓶分别测定环己烷和五份溶液的密度（参照实验8的比重瓶使用方法）。

3. 介电常数测定

（1）将PGM-Ⅱ型数字小电容测试仪（使用方法参见2.8节）通电，预热20min。

（2）将电容仪与电容池连接线先接一根（只接电容仪，不接电容池），调节零电位器使数字表头指示为零。

（3）将两根连接线都与电容池接好，此时数字表头所示值即为$C'_{空}$值。

（4）取2mL环己烷加入电容池中，盖好，数字表头上所示值即为$C'_{标}$。

（5）将环己烷倒入回收瓶中，将样品室吹干后再测$C'_{空}$，与前面所测的$C'_{空}$值之差应小于0.02pF，否则表明样品室有残液，应继续吹干，然后装入溶液，同样方法测定五份溶液的C'_x。

【数据记录与处理】

1. 实验数据记录（表3-23-1、表3-23-2）

表3-23-1　正丁醇-环己烷溶液的折射率（不同摩尔分数）

溶液	环己烷	0.04	0.06	0.08	0.10	0.12
折射率						
密度/(g·cm^{-3})						

表3-23-2　正丁醇-环己烷溶液的电容（不同摩尔分数）

	$C'_{空}$	$C'_{标}$	C_d	$C_{空}$	$C_{环己烷}$	$C_{0.04}$	$C_{0.06}$	$C_{0.08}$	$C_{0.10}$	$C_{0.12}$
电容/pF										

注：环己烷的介电常数与温度t的关系式为：$\varepsilon_{标}=2.023-0.0016(t-20)$。

2. 计算C_d、$C_{空}$和各溶液的$C_{溶}$值，并求各溶液的介电常数$\varepsilon_{溶}$，作$\varepsilon_{溶}$-x_2图，由直线

斜率及式(3-23-7) 求算 α 值；作 $\rho_{溶}$-x_2 图，由直线斜率及式(3-23-7) 求算 β 值；作 $n_{溶}$-x_2 图，由直线斜率及式(3-23-8) 求算 γ 值。计算 $C_{溶}$ 和 $\varepsilon_{溶}$。

3. 计算 P_2^{∞} 和 R_2^{∞}。

4. 将 P_2^{∞} 和 R_2^{∞} 代入式(3-23-12) 最后求算正丁醇的 μ。

【注意事项】

1. 环已烷易挥发，配制溶液时动作应迅速，以免影响浓度。

2. 本实验溶液中防止含有水分，所配制溶液的器具需干燥，溶液应透明不产生浑浊。

3. 测定电容时，应防止溶液的挥发及吸收空气中极性较大的水汽，影响测定值。每次测定前要用冷风将电容池吹干，并重测 $C'_{空}$。严禁用热风吹样品室。

4. 测 $C'_{溶}$ 时，操作应迅速，池盖要盖紧，装样品的滴瓶也要随时盖严。

5. 每次装入量严格相同，样品过多会腐蚀密封材料渗入恒温腔，实验无法正常进行。

6. 电容池各部件的连接应注意绝缘，注意不要用力扭曲电容仪连接电容池的电缆线，以免损坏。

【思考题】

1. 测定偶极矩有什么用途?

2. 溶液法测偶极矩是否存在偏差? 主要原因是什么?

3. 本实验测定偶极矩时做了哪些近似处理?

4. 准确测定溶质的摩尔极化度和摩尔折射度时，为何要外推到无限稀释?

实验 24 磁化率的测定

【实验目的】

1. 掌握古埃磁天平测定物质磁化率的原理和方法。

2. 通过对一些配合物磁化率的测定，了解磁化率数据对推断未成对电子数和分子配键类型的作用。

【实验原理】

1. 磁化率

物质在外磁场作用下会被磁化，这种在外磁场作用下的磁化可用磁化强度矢量 M 表示，磁化强度 H 正比于外磁场强度 H，铁磁性物质除外。

$$M=\chi H \tag{3-24-1}$$

式中 χ——物质的体积磁化率，为无量纲量。

在化学中常用质量磁化率 χ_m 或摩尔磁化率 χ_M 表示物质的磁性质，χ_m 和 χ_M 的单位分别为 $m^3 \cdot kg^{-1}$ 和 $m^3 \cdot mol^{-1}$，它们的定义是：

$$\chi_m=\frac{\chi}{\rho} \tag{3-24-2}$$

$$\chi_M = M\chi_m = \frac{\chi M}{\rho} \quad (3\text{-}24\text{-}3)$$

式中　ρ——物质的密度，$g \cdot cm^{-3}$；

M——物质的摩尔质量，$g \cdot mol^{-1}$。

2. 分子磁矩与磁化率

物质的磁性与组成物质的原子、离子或分子的微观结构有关，当原子、离子或分子的两种自旋状态电子数不相等，即有未成对电子时，物质就具有永久磁矩。由于热运动，永久磁矩指向各个方向的机会相同，所以该磁矩的统计值等于零。在外磁场作用下，永久磁矩会顺着外磁场的方向排列，产生顺磁性。还由于物质中原子内部出现感生电流，此电流产生的磁场同外磁场的方向相反，表现为逆磁性。此类物质的摩尔磁化率 χ_M 是摩尔顺磁化率 $\chi_{顺}$ 和摩尔逆磁化率 $\chi_{逆}$ 的和。

$$\chi_M = \chi_{顺} + \chi_{逆} \quad (3\text{-}24\text{-}4)$$

对于顺磁性物质，$\chi_{顺} \gg |\chi_{逆}|$，可作近似处理，$\chi_M = \chi_{顺}$。对于逆磁性物质，则只有 $\chi_{逆}$，因此 $\chi_M = \chi_{逆}$。

磁化率是物质的宏观性质，分子磁矩是物质的微观性质，用统计学的方法可以得到摩尔顺磁化率 $\chi_{顺}$ 与分子磁矩 μ_m 间的关系，这一关系称为居里定律。

$$\chi_{顺} = \frac{N_A \mu_m^2 \mu_0}{3kT} = \frac{C}{T} \quad (3\text{-}24\text{-}5)$$

式中　N_A——阿伏伽德罗常数；

k——玻尔兹曼常数；

T——热力学温度，K；

μ_m——分子永久磁矩；

μ_0——真空磁导率；

C——居里常数。

由此可得：

$$\chi_M = \frac{N_A \mu_m^2 \mu_0}{3kT} + \chi_{逆} \quad (3\text{-}24\text{-}6)$$

由于 $\chi_{逆}$ 不随温度变化（或变化极小），因此只需要测定不同温度下的 χ_M 对 $1/T$ 作图，其截距即为 $\chi_{逆}$，由斜率可求出 μ_m。由于 $\chi_{逆}$ 远小于 $\chi_{顺}$，因此在粗略的测量中可忽略 $\chi_{逆}$，并作以下近似处理：

$$\chi_M \approx \chi_{顺} = \frac{N_A \mu_m^2 \mu_0}{3kT} \quad (3\text{-}24\text{-}7)$$

顺磁性物质的 μ_m 与未成对电子数 n 的关系为：

$$\mu_m = \mu_B \sqrt{n(n+2)} \quad (3\text{-}24\text{-}8)$$

式中　μ_B——玻尔磁子，其物理意义是单个自由电子自旋所产生的磁矩。

$$\mu_B = \frac{eh}{4\pi m_e} = 9.274 \times 10^{-24} J \cdot T^{-1} \quad (3\text{-}24\text{-}9)$$

式中　h——普朗克常数；

m_e——电子质量，kg。

因此，对于顺磁性物质，只需实验测得 χ_M，即可求得 μ_m，同时还可进一步算出未成对电子数 n。这些计算结果均可用于研究原子或离子的电子组态，判断配合物分子的配键类型。

3. 磁化率与分子结构

配合物分为电价配合物和共价配合物。电价配合物中心离子的电子结构不受配位体的影响，基本上保持自由离子的电子结构，依靠静电库仑力与配位体结合，形成电价配键。在这类配合物中，含有较多的自旋平行电子，所以是高自旋配位化合物。共价配合物则以中心离子空的价电子轨道接受配位体的孤对电子，形成共价配键。这类配合物形成时，往往发生电子重排，自旋平行的电子相对减少，所以是低自旋配位化合物。

4. 古埃（Gouy）法测定磁化率

本实验采用古埃法测定磁化率，古埃磁天平如图 3-24-1 所示。装有样品的圆柱形玻璃管悬挂在处于两磁铁磁极中间天平的一个臂上，使样品的底部处于两磁极中心，即磁场强度 H 最强的区域，玻璃管顶端则处于磁场强度最弱（甚至为 0）的区域 H_0。此时，整个样品管处于不均匀磁场中。

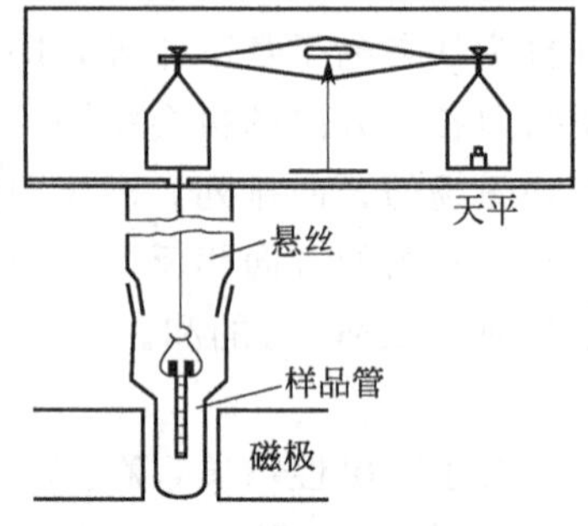

图 3-24-1　古埃磁天平示意图

设圆柱形样品管的截面积为 A，沿样品管长度方向上 dz 长度的体积 Adz 在非均匀磁场中所受到的作用力 dF 为：

$$dF = \chi AH \frac{dH}{dz} dz \quad (3\text{-}24\text{-}10)$$

式中　H——磁场强度，G；

dH/dz——磁场强度梯度。

对式(3-24-10) 进行积分可得：

$$F = \frac{1}{2}(\chi - \chi_0)(H^2 - H_0^2)A \quad (3\text{-}24\text{-}11)$$

式中　χ_0——样品周围介质的体积磁化率（通常是空气，值很小）。

若 χ_0 可以忽略，且 $H_0 = 0$ 时，整个样品受到的力可以写为：

$$F = \frac{1}{2}\chi\mu_0 H^2 A \quad (3\text{-}24\text{-}12)$$

在非均匀磁场中，顺磁性物质受力向下而增重；反磁性物质受力向上而减重。

F 可以通过样品在有磁场和无磁场的两次质量差求得：

$$F = (\Delta m_{空管+样品} + \Delta m_{空管})g \quad (3\text{-}24\text{-}13)$$

设 Δm 为施加磁场前后的质量差，则：

$$F = \frac{1}{2}\chi\mu_0 H^2 A = g\Delta m = g(\Delta m_{空管+样品} + \Delta m_{空管}) \quad (3\text{-}24\text{-}14)$$

由于 $\chi_M = M\chi/\rho$，$\rho = m/hA$，代入式(3-24-11) 得：

$$\chi_M = \frac{2(\Delta m_{空管+样品} - \Delta m_{空管})ghM}{mH^2} \quad (3\text{-}24\text{-}15)$$

式中　$\Delta m_{空管+样品}$——样品管加样品后在施加磁场前后的质量差，g；

$\Delta m_{空管}$——空样品管在施加磁场前后的质量差，g；

g——重力加速度，980cm・s^{-2}；

h——样品高度，cm；

M——样品的摩尔质量，g・mol^{-1}；

m——样品质量，g。

磁场强度 H 可用特斯拉计测量，也可使用已知磁化率的标准物质进行间接测量。例如用莫尔盐标定磁场强度，莫尔盐的单位质量磁化率 χ_m 与热力学温度 T 的关系为：

$$\chi_m=\frac{9500}{T+1}\times 4\pi\times 10^{-9}\,(\mathrm{m^3\cdot kg^{-1}}) \tag{3-24-16}$$

【仪器、试剂及材料】

仪器：古埃磁天平，软质玻璃样品管，直尺，装样品工具（包括研钵、角匙、小漏斗、玻璃棒）。

试剂：莫尔盐 $FeSO_4\cdot 7H_2O$（A. R.），$K_3Fe(CN)_6$（A. R.），$K_4Fe(CN)_6\cdot 3H_2O$（A. R.）。

材料：绳子。

【安全须知和废弃物处理】

1. 实验室中需穿戴普通棉纱实验服、防护目镜或面罩。

2. 严格按照操作规程使用古埃磁天平，事先取掉机械手表和磁性物质。

3. 处理盐类样品时需戴丁腈橡胶手套，小心操作，不要洒漏。若发生皮肤沾染，用水冲洗沾染部位。

4. 固体废渣、碎屑倒入固定的固体废弃物桶。

【实验步骤】

1. 磁极中心磁场强度的测定

（1）准备工作。参照说明书对特斯拉计进行校正。将特斯拉计的磁感应探头平面垂直放置于磁极中心处。打开励磁电源，调节励磁电流使特斯拉计上显示磁感应强度为 350mT，记录此时的励磁电流值。

（2）用莫尔盐标定磁场强度。将一支干燥洁净的空样品管悬挂在磁天平的挂钩上，样品管应与磁极中心线平齐（样品管不可与磁极接触，并与探头保持合适的距离）。准确称取空样品管的质量 $m_{空管}$（$H=0$）时，重复称取三次取其平均值。接通电源，调节“磁场强度显示”栏为 350mT，记录加磁场后空管的称量值 $m_{空管}$（$H=H$），重复三次取平均值。

取下样品管，将研细的莫尔盐通过小漏斗装入样品管，装样过程中不断将样品管底部在木垫上轻轻碰击，使样品均匀填实，用直尺量出样品的高度 h。按前述方法称取 $m_{空管+样品}$（$H=0$）和 $m_{空管+样品}$（$H=H$），测量完毕后将莫尔盐倒回试剂瓶中。

2. 测定未知样品的摩尔磁化率 χ_M

同法测定 $FeSO_4\cdot 7H_2O$，$K_3Fe(CN)_6$，$K_4Fe(CN)_6\cdot 3H_2O$ 的摩尔磁化率。

【数据记录与处理】

1. 实验数据记录（表 3-24-1）

表 3-24-1　相关数据记录表

样品名称	$m_{空管}$ ($H=0$)/g	$m_{空管}$ ($H=H$)/g	$\Delta m_{空管}$ ($H=0$)/g	$m_{空管+样品}$ ($H=0$)/g	$m_{空管+样品}$ ($H=H$)/g	$\Delta m_{空管+样品}$ /g	$m_{样品}$/g	样品高度 /cm

2. 据公式计算 $FeSO_4\cdot 7H_2O$、$K_3Fe(CN)_6$、$K_4Fe(CN)_6\cdot 3H_2O$ 的摩尔磁化率 χ_M、

磁矩 μ_m 和未配对电子数 n。

3. 依据 μ_m 和 n 讨论配合物中心离子最外层电子结构和配键类型。

【注意事项】

1. 实验测试前，应先将待测样品研细，并置于装有浓硫酸的干燥器中干燥。

2. 实验过程中，须保持空样品管的干燥和洁净。填装样品时，应使样品均匀填实在样品管底部。

3. 称量时，应使样品管处于两磁极之间，其底部与磁极中心线齐平。悬挂样品管的悬线切勿与任何物件相接触。

【思考题】

1. 用古埃法测定物质磁化率的关键步骤有哪些？

2. 不同励磁电流下测得的样品摩尔磁化率是否相同？

第4章 综合实验

实验25 苯甲酸-甲苯-水体系分配系数的测定

【实验目的】

1. 测定苯甲酸在甲苯和水体系中的分配系数。
2. 了解物质在两相间的分配情况和分子的形态。

【实验原理】

在温度恒定的情况下，当一种溶质A溶解在两种互不相溶的溶剂中，达到平衡时，在两相中既不发生解离，也不发生缔合，则该溶质A在两相中的浓度比值为一常数（严格来说，该溶质在两相中的活度比才是常数）。

$$K=c_2/c_1 \tag{4-25-1}$$

此式所表达的规律称为分配定律。式中，c_1 为溶质A在溶剂1中的浓度，c_2 为溶质A在溶剂2中的浓度，K 为溶质在两相中的分配系数。

若要使 K 保持为常数，除温度恒定外，尚需满足两个条件：

（1）溶液的浓度很稀，c_1、c_2 都较小时可以用浓度代替活度；

（2）溶质在两种溶剂中分子形态相同，不发生缔合、解离、配合等现象。

如果A在两种溶液中的形态不同，则分配系数的形式也要相应地改变。例如A在溶剂2发生缔合现象，即：

（溶剂1中）
$$A_n=nA \tag{4-25-2}$$

（溶剂2中）
$$K=\frac{c_2^n}{c_1} \tag{4-25-3}$$

式中　n——缔合度。可由此确定苯甲酸在甲苯和水中的分子形态。

在许多情况下，特别是无机离子在有机相和水相中分布时，情况较为复杂，其间不仅有缔合效应，而且金属离子和有机溶剂还可能发生络合作用。此外，溶质在两相中的分配还与有机溶剂的性质、溶质浓度、介质酸度、温度等因素有关。

【仪器、试剂】

仪器：分液漏斗（125mL），移液管（25mL、2mL），锥形瓶（100mL），磨口锥形瓶（50mL）。

试剂：苯甲酸（A. R.），甲苯（A. R.），NaOH（A. R.），酚酞（A. R.）。

【安全须知和废弃物处理】

1. 实验室中需穿戴普通棉纱实验服、防护目镜或面罩。

2. 甲苯对皮肤、黏膜有刺激性，对中枢神经系统有麻醉作用；苯甲酸对皮肤、呼吸系统、眼睛有刺激作用，会导致严重的眼睛损伤，在使用时需戴丁腈橡胶手套和实验口罩。

3. 若发生皮肤沾染，及时用水冲洗沾染部位 10min 以上；若发生眼睛接触，应提起眼睑，用洗眼器冲洗，然后就医。

4. 保持实验室处于良好的通风状态，开启通风设备。

5. 小心使用分液漏斗、移液管等，防止玻璃器皿破损划伤。

6. 有机废液、废酸液和废碱液分类倒入固定的废液回收桶。

【实验步骤】

（1）取 4 个干燥洁净的 100mL 具塞锥形瓶，编号，分别准确称入 0.5g、0.8g、1.2g、1.6g 苯甲酸，并用移液管分别向 4 个锥形瓶中注入 25mL 甲苯和 25mL 蒸馏水。塞紧瓶塞，在室温下多次激烈振摇，需在通风处进行，手摇 5min 后，转入分液漏斗，分液。

操作过程中，切忌用手抚握漏斗的膨大部分，避免体系的温度改变。因为分配比是温度的函数，温度改变分配比也改变。静置数分钟后至澄清、透明，使甲苯和水分层。上面是甲苯层，下面是水层。将两层分开，甲苯放置在带盖子的容器里，以避免甲苯挥发。然后进行甲苯层及水层内苯甲酸浓度的测定。

（2）甲苯层的分析。用带刻度的移液管吸取 2mL 上层溶液于干燥洁净的锥形瓶中，加入 25mL 蒸馏水，以酚酞作指示剂，用 $0.05\mathrm{mol \cdot L^{-1}}$ 的 NaOH 滴定。

（3）水层的分析。用带刻度的移液管吸取 5mL 下层溶液，放进干燥洁净的锥形瓶，加入 25mL 蒸馏水，以酚酞作指示剂，以 $0.05\mathrm{mol \cdot L^{-1}}$ 的 NaOH 滴定。

依顺序对 1、2、3、4 号分液漏斗中的每个水相和甲苯相所含的苯甲酸分别进行测定。

【数据记录与处理】

1. 实验数据记录（表 4-25-1）

记录水层和甲苯层滴定的耗碱量，并且分别计算 4 种溶液在甲苯和水中苯甲酸的浓度。

表 4-25-1　相关实验数据

实验温度：____________；大气压：____________。

编号	1	2	3	4
水层滴定耗碱量/mL				
甲苯层滴定耗碱量/mL				
$c_{水层}/(\mathrm{mol \cdot L^{-1}})$				
$c_{甲苯}/(\mathrm{mol \cdot L^{-1}})$				

2. 根据 $K=\dfrac{c_2^n}{c_1} \rightarrow \ln c_1 = n\ln c_2 - \ln K$，$\ln c_1$ 对 $\ln c_2$ 作图，根据斜率和截距分别计算得到缔合度 n 和分配系数 K。

【注意事项】

1. 用 NaOH 滴定时一定要掌握好终点，不要过量。

2. 摇动时，切勿用手抚握容器的膨大部分，避免体系温度变化。

【思考题】

1. 分配系数与哪些因素有关？

2. 为什么要准确加入苯甲酸？

实验 26　H_2-O_2 燃料电池催化剂的研制与活性评价

【实验目的】

1. 学习和了解 H_2-O_2 燃料电池催化剂的研制现状，展望新型清洁能源。

2. 用沉淀法制备 $Cu_xFe_{3-x}O_4$、$Co_xFe_{3-x}O_4$ 等对 O_2 的还原具有较高活性的催化剂。

3. 以 H_2O_2 的催化分解反应评价所制备的催化剂的活性。

【实验原理】

H_2-O_2 燃料电池可以用下式表示：

$$(-)Pt|H_2(g)|H^+\|H_2O,OH^-|O_2(g)|Pt(+)$$

电池反应为：

H_2 电极(阳极)　　$2H_2+4OH^- = 4H_2O+4e^-$

O_2 电极（阴极）　$O_2+2H_2O+4e^- = 4OH^-$

室温下 O_2 在一般电极材料上还原很慢，必须使用有效的催化剂加速这一反应，才能使燃料电池具有实用价值。铂黑和银黑有很高的催化活性，但价格太高，不适宜工业生产。实验研究发现具有尖晶石结构的 $Cu_xFe_{3-x}O_4$、$Co_xFe_{3-x}O_4$ 等对 O_2 的还原具有较高活性，而且用沉淀法制备这类催化剂并不难。

根据对 O_2 电极反应的机理研究得出，电极催化反应过程要生成中间产物 H_2O_2（碱性溶液中主要以 HO_2^- 形式存在)，反应如下：

$$O_2+2H_2O+2e^- = H_2O_2+2OH^- \text{或} O_2+H_2O+2e^- = HO_2^-+OH^-$$

H_2O_2 继续分解：

$$H_2O_2 = \frac{1}{2}O_2+H_2O$$

$$HO_2^- = \frac{1}{2}O_2+OH^-$$

产生的 $1/2O_2$ 又循环继续发生反应，生成的 H_2O_2 分解缓慢，是整个原电池反应的控速步骤。按上述机理，可根据催化剂在 KOH 溶液中分解 H_2O_2 的能力来考察其对 O_2 电极催化还原的活性。

在碱性溶液中，H_2O_2 的分解属于一级反应，其速率方程为：

$$-\frac{\mathrm{d}c_t}{\mathrm{d}t}=kc_t \tag{4-26-1}$$

积分得：

$$\ln\frac{c_t}{c_0}=-kt \tag{4-26-2}$$

式中　c_t——t 时刻 H_2O_2 的浓度，$mol \cdot L^{-1}$；

c_0——H_2O_2 的初始浓度，$mol \cdot L^{-1}$；

k——反应速率常数。

令 V_∞ 表示 H_2O_2 全部分解放出 O_2 的体积，则$V_\infty=fc_0$，V_t 表示 H_2O_2 经时间 t 后分解放出的体积，则$V_\infty-V_t=fc_t$，将 c_0 和 c_t 代入式(4-26-2) 可得：

$$\ln\frac{V_\infty-V_t}{V_t}=-kt \tag{4-26-3}$$

$$或\ \ln(V_\infty-V_t)=-kt+\ln V_\infty \tag{4-26-4}$$

从上式可得，以 $\ln(V_\infty-V_t)$ 对 t 作图，拟合直线的斜率就是速率常数 k。

速率常数 k 与温度 t 一般符合阿仑尼乌斯公式：

$$\ln k=-\frac{E_a}{RT}+B \tag{4-26-5}$$

其定积分形式表示为：

$$\ln\frac{k_2}{k_1}=\frac{E_a}{R}\left(\frac{T_2-T_1}{T_2T_1}\right) \tag{4-26-6}$$

式中　E_a——反应的表观活化能。

测定不同温度下的速率常数再代入式(4-26-6)，即可求得表观活化能。通过表观活化能可以评价不同催化剂的活性。

【仪器、试剂及材料】

仪器：恒温水浴，真空泵，抽滤瓶，锥形反应瓶，集热式磁力搅拌器，量气反应装置（西南石油大学自研自制设备，包含量气管、水准瓶、升降台等），电子秒表，移液管。

试剂：H_2O_2 溶液（3%），KOH 溶液（$1mol \cdot L^{-1}$），$KMnO_4$ 标准溶液（$0.1mol \cdot L^{-1}$），H_2SO_4 溶液（$3mol \cdot L^{-1}$），$CuSO_4 \cdot 5H_2O$（A. R.），$FeCl_3 \cdot 6H_2O$（A. R.），$CoCl_2 \cdot 6H_2O$（A. R.），NaOH 溶液（$5mol \cdot L^{-1}$）。

材料：广泛 pH 试纸，磁力搅拌子，乳胶管。

【安全须知和废弃物处理】

1. 实验室中需穿戴普通棉纱实验服、防护目镜或面罩。

2. 取用化学试剂时需戴丁腈橡胶手套，$KMnO_4$ 溶液和 H_2O_2 溶液有强氧化性，浓碱液和硫酸对眼睛、皮肤有较强腐蚀性，若发生皮肤沾染，及时用水冲洗沾染部位 15min 以上；若发生眼睛接触，应提起眼睑，用洗眼器冲洗，然后就医。

3. 正确使用量气装置和真空泵，注意防止触电和水溢出。

4. 小心使用抽滤瓶、移液管等，防止玻璃器皿破损划伤。

5. 存在废酸液、废碱液、金属废液等，分类倒入固定的废液回收桶。

【实验步骤】

1. 催化剂的制备

其主要过程是先用 NaOH 溶液沉淀出铜和铁的氢氧化物，再将所得的沉淀在水浴中进行加热，进行氧化还原和脱水反应，生成尖晶石结构的氧化物，反应方程式如下：

$$CuSO_4 + FeCl_3 + NaOH \longrightarrow Cu_xFe_{3-x}(OH)_4 + NaCl + Na_2SO_4$$

$$O_2 + Cu_xFe_{3-x}(OH)_4 \longrightarrow Cu_xFe_{3-x}O_4 + 2H_2O$$

$$CoCl_2 + FeCl_3 + NaOH \longrightarrow Co_xFe_{3-x}(OH)_4 + NaCl$$

$$O_2 + Co_xFe_{3-x}(OH)_4 \longrightarrow Co_xFe_{3-x}O_4 + 2H_2O$$

称取一定量的 $CuSO_4 \cdot 5H_2O$（或 $CoCl_2 \cdot 6H_2O$）于 50mL 大烧杯中，加 20mL 水溶解；同样按照一定摩尔比 Cu∶Fe 为 1∶3、2∶3、3∶3 称取一定量的 $FeCl_3 \cdot 6H_2O$ 于另一烧杯中，加 20mL 水溶解。将 $FeCl_3$ 溶液加入 250mL 烧杯内，在搅拌下缓慢加入 $CuSO_4$ 溶液，最后体积约为 60mL；在剧烈搅拌下缓慢加入 $5mol \cdot L^{-1}$ NaOH 溶液，直到棕色沉淀生成，此时 pH≈12.5。在水浴中保温 30min 然后在室温下静置沉降，用蒸馏水洗涤沉淀，直到接近中性为止。将沉淀抽滤，在 85～100℃干燥过夜，研磨成粉状。按上述方法分别制备 Cu(Co)∶Fe 摩尔比 1∶3、2∶3、3∶3 的六种催化剂，以备后用。也可用硫酸铜和硫酸铁作原料制备催化剂。

2. 催化剂的活性评价

反应实验装置如图 4-26-1 所示。

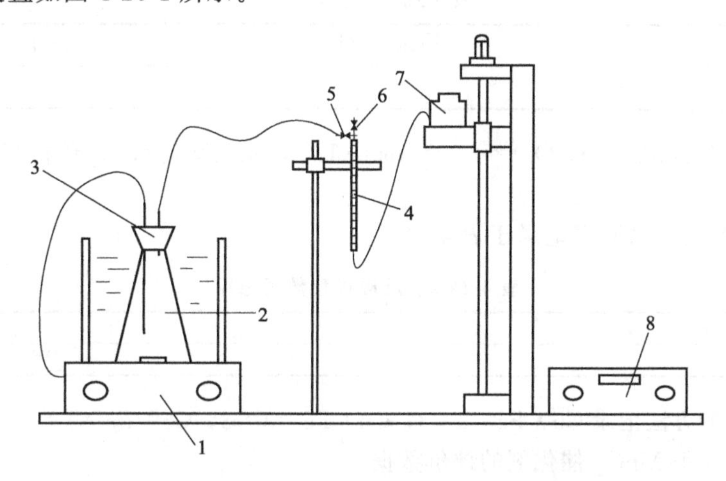

图 4-26-1　量气反应装置（催化剂评价实验装置）图

1—恒温磁力搅拌器；2—锥形瓶；3—玻璃塞；4—量气管；5—第一旋塞；6—放空旋塞；7—水准瓶；8—控制器

(1) 实验前，首先将水准瓶注满水。调节螺纹块高度使水准瓶液面与量气管液面平齐并使量气管液面处于零刻度线，开启第一旋塞和放空旋塞，按照图示连接剩余装置。

(2) 在锥形瓶内加入 10mL $1mol \cdot L^{-1}$KOH 溶液和 5mL 3%的 H_2O_2 溶液及 20mL H_2O，开启恒温磁力搅拌器，当温度达到所需实验温度时，准确称取 10mg 催化剂加入反应器托盘中，塞好瓶塞，并检查是否漏气；调节水准瓶使量气筒初始液面在零刻度。关闭放空旋塞，将称量好的催化剂倒入锥形瓶反应器中，使催化剂与溶液混合，同时开始计时，开动电磁搅拌器，并记录每产生 1mL O_2 所经历的时间或各时刻所对应的 O_2 的体积（记录量气管上面的刻度值)。取下锥形瓶洗净，换另一催化剂重复同样操作，共测定以上 7 种催化剂(包括 MnO_2)。

(3) 取下锥形瓶冲洗干净，重取催化剂和试剂同样用量，将水浴温度升高 5℃恒温，重复以上操作测定速率常数。

(4) 取 5mL 3% 的 H_2O_2 溶液于锥形瓶中，加入 5mL 3mol·L^{-1} 的 H_2SO_4 溶液及 20mL H_2O，用 0.10000mol·L^{-1} $KMnO_4$ 标准溶液滴定，并计算 H_2O_2 初始浓度，以确定 V_∞，在酸性溶液中 H_2O_2 与 $KMnO_4$ 按下式反应：

$$5H_2O_2+2KMnO_4+3H_2SO_4 = 2MnSO_4+K_2SO_4+8H_2O+SO_2$$

V_∞ 可用下式计算：

$$V_\infty=\frac{c_0V_{H_2O_2}}{2}\frac{RT}{p-p_{H_2O}} \tag{4-26-7}$$

式中 c_0——H_2O_2 的初始浓度，mol·L^{-1}；

p——大气压力，kPa；

$p_{H_2O_2}$——室温下水的饱和蒸气压，kPa。

【数据记录与处理】

1. 温度：________℃；压力：________kPa。

2. V_∞ 的测定（表 4-26-1）

表 4-26-1 数据记录

c_{KMnO_4}/(mol·L^{-1})	V_{KMnO_4}/mL	$V_{H_2O_2}$/mL

计算可得：初始浓度 $c_0(H_2O_2)$=______mol·L^{-1}，完全反应 H_2O_2 体积 V_∞=______mL。

3. V_t 的测定

当 Cu∶Fe=1∶3 时数据记录于表 4-26-2。

表 4-26-2 反应过程数据记录

时间 t/min	
V_t/mL	

4. 利用同样的方法记录 Cu∶Fe=2∶3，Cu∶Fe=3∶3，Co∶Fe=1∶3，Co∶Fe=2∶3，Co∶Fe=3∶3 时几组 MnO_2 催化剂的评价数据。

5. 以 $\ln(V_\infty-V_t)$ 对 t 作图，从所得直线的斜率求速率常数 k，并将各组催化剂的 k 值填入表 4-26-3。

表 4-26-3 速率常数计算结果

催化剂	Cu∶Fe=1∶3	Cu∶Fe=2∶3	Cu∶Fe=3∶3	Co∶Fe=1∶3	Co∶Fe=2∶3	Co∶Fe=3∶3	MnO_2
k/s^{-1}							

6. 选择 1～2 种催化剂测试不同温度下 H_2O_2 分解反应的数据。

7. 将不同温度下的速率常数代入式(4-26-6) 并计算表观活化能。

【注意事项】

1. 水浴温度应保持恒定，锥形瓶放入水浴中需恒温 10min 后才能开始实验。

2. 搅拌速率要平稳适中，每次实验的搅拌速率应尽量一致。

3. 水准瓶的高度应尽量时刻与生成氧气的液面保持相平，以准确测定生成氧气的体积。

【思考题】

1. Cu-Fe 系催化剂是否可加入其他元素（例如稀土元素）？是否提高了催化效能？

2. 氢氧燃料电池的制备方式是否可以改一种制造方式，比如说内部的气体氧化和还原的方法与机理等。

3. 是否可以考虑用其他氧化剂代替 O_2 而生产出 H_2-X 燃料电池。

4. 本实验的反应速率常数与催化剂种类、用量有无关系？

5. 如何检查漏气？

实验 27　甲醇分解催化剂的研制与活性评价

【实验目的】

1. 测量甲醇分解反应中 ZnO 催化剂的催化活性，了解反应温度对催化活性的影响。

2. 熟悉动力学实验中流动法的特点，掌握流动法测定催化剂活性的实验方法。

【实验原理】

催化剂活性是其催化能力的量度，通常用单位质量或单位体积催化剂对反应物的转化率来表示。复相催化时，反应在催化剂表面进行，所以催化剂比表面积（单位质量催化剂所具有的表面积）的大小对活性起主要作用。评价测定催化剂活性的方法大致可分为静态法和流动法两种：静态法是指反应物不连续加入反应器，产物也不连续移去的实验方法；流动法则相反，反应物不断稳定地进入反应器发生催化反应，离开反应器后再分析其产物的组成。使用流动法时，当流动的体系达到稳定状态后，反应物的浓度就不随时间而变化。流动法操作难度较大，计算也比静态法麻烦，保持体系达到稳定状态是其成功的关键，因此各种实验条件（如温度、压力、流量等）必须恒定，另外，应选择合理的流速，流速太大时反应物与催化剂接触时间不够，反应不完全，流速太小时气流的扩散影响显著，有时会引起副反应。

本实验采用流动法测量 ZnO 催化剂在不同温度下对甲醇分解反应的催化活性。近似认为该反应无副反应发生（即有单一的选择性），反应式为：

$$CH_3OH(\text{气}) \xrightarrow[\triangle]{\text{ZnO 催化剂}} CO + 2H_2(\text{气})$$

反应在图 4-27-1 所示的实验装置中进行。氮气的流量由毛细管流速计监控，氮气流经预饱和器、饱和器，在饱和器温度下达到甲醇蒸气的吸收平衡。混合气进入管式炉中的反应管与催化剂接触而发生反应，流出反应器的混合物中有氮气、未分解的甲醇、产物一氧化碳及氢气。流出气前进时流经冰盐冷却剂，甲醇蒸气被冷凝截留在捕集器中，最后湿式气体流量计测得的是氮气、一氧化碳、氢气的流量。如反应管中无催化剂，则测得的是氮气的流量。根据这两个流量便可计算出反应产物一氧化碳及氢气的体积，据此，可获得催化剂的活性大小。

指定条件下催化剂的催化活性以每克催化剂使 100g 甲醇分解掉的质量表示。

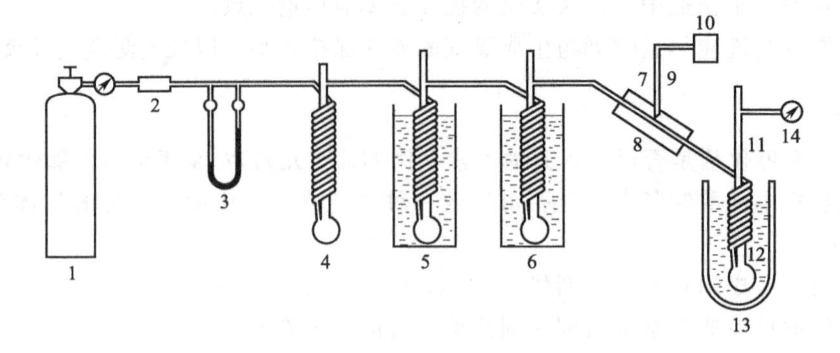

图 4-27-1　氧化锌活性测量装置

1—氮气钢瓶；2—稳流阀；3—毛细管流速计；4—缓冲瓶；5—预饱和器；
6—饱和器；7—反应管；8—管式炉；9—热电偶；10—控温仪；11 —捕集器；
12—冰盐冷却剂；13—杜瓦瓶；14—湿式流量计

$$催化活性=\frac{m'_{CH_3OH}}{m_{CH_3OH}}\times\frac{100}{m_{ZnO}}=\frac{n'_{CH_3OH}}{n_{CH_3OH}}\times\frac{100}{m_{ZnO}} \tag{4-27-1}$$

式中　n_{CH_3OH}——进入反应管的甲醇摩尔数；

n'_{CH_3OH}——分解掉的甲醇摩尔数。

近似认为体系的压力为实验时的大气压，因此$p_{体系}=p_{大气压}=p_{CH_3OH}+p_{N_2}$。式中$p_{CH_3OH}$为 40℃时甲醇的饱和蒸气压；$p_{N_2}$为体系中 N_2 的分压。根据道尔顿分压定律：

$$\frac{p_{N_2}}{p_{CH_3OH}}=\frac{x_{N_2}}{x_{CH_3OH}}=\frac{n_{N_2}}{n_{CH_3OH}} \tag{4-27-2}$$

可求得 30min 内进入反应管的甲醇摩尔数n_{CH_3OH}。式中，n_{N_2}为 30min 内进入反应管的 N_2 的摩尔数。

由理想气体状态方程　　$p_{大气压}V_{CH_3OH}=n'_{CH_3OH}RT$

可求得分解掉甲醇的摩尔数n'_{CH_3OH}。

式中　V_{CH_3OH}——$V_{CH_3OH}=\frac{1}{3}V_{CO+H_2}$；

T——湿式流量计上指示的温度，K。

【仪器、试剂】

仪器：催化剂评价实验装置（管式炉、控温仪、饱和器、湿式流量计、氮气钢瓶等）。

试剂：甲醇（A. R.），ZnO 催化剂（实验室自制）。

【安全须知和废弃物处理】

1. 实验室中需穿戴普通棉纱实验服、防护目镜或面罩。

2. 遵守高压气体操作规范，不能将高压气体出口对准人体。

3. 正确连接实验装置，确保高压气体管道连接可靠。

4. 取用有机溶液和碱液时需戴丁腈橡胶手套，若发生皮肤沾染，及时用水冲洗沾染部位 10min 以上；若发生眼睛接触，应提起眼睑，用洗眼器冲洗。

5. 样品碎屑和残渣倒入固定的废弃物回收桶。

【实验步骤】

(1) 检查装置各部件是否接妥，调节预饱和器温度为 (43.0±0.1)℃，饱和器温度为 (40.0±0.1)℃，杜瓦瓶中放入冰盐水。

(2) 将空反应管放入炉中，开启氮气钢瓶，通过稳流阀调节气体流量（观察湿式流量计）在 (100±5)$mL \cdot min^{-1}$ 内，记下毛细管流速计的压差。开启控温仪使炉子升温到 350℃。在炉温恒定、毛细管流速计压差不变的情况下，每 5min 记录湿式流量计读数一次，连续记录 30min。

(3) 用粗天平称取 4g 催化剂，取少量玻璃棉置于反应管中，为使装填均匀，一边向管内装催化剂，一边轻轻转动管子，装完后再于上部覆盖少量玻璃棉以防松散，催化剂的位置应处于反应管的中部。

(4) 将装有催化剂的反应管装入炉中，热电偶刚好处于催化剂的中部，控制毛细管流速计的压差与空管时完全相同，待其不变及炉温恒定后，每 5min 记录湿式流量计读数一次，连续记录 30min。

(5) 调节控温仪使炉温升至 420℃，不换管，重复步骤 (4) 的测量。经检查数据后停止实验。

【数据记录与处理】

1. 以空管及装入催化剂后不同炉温时的流量对时间作图，得三条直线，并由三条直线分别求出 30min 内通入 N_2 的体积V_{N_2} 和分解反应所增加的体积V_{H_2+CO}。

2. 计算 30min 内进入反应管的甲醇质量m_{CH_3OH}。

3. 计算 30min 内不同温度下，催化反应中分解掉甲醇的质量m'_{CH_3OH}。

4. 计算不同温度下 ZnO 催化剂的活性。

【注意事项】

1. 实验中应确保毛细管流速计的压差在有无催化剂时均相同。

2. 系统必须不漏气。

3. 实验前需检查湿式流量计的水平和水位，并预先运转数圈，使水与气体饱和后方可进行计量。

【思考题】

1. 为什么氮气的流速要始终控制不变？

2. 冰盐冷却剂的作用是什么？是否盐加得越多越好？

3. 试讨论本实验评价催化剂的方法有什么优缺点。

4. 毛细管流速计与湿式流量计两者有何异同。

实验 28 氟离子选择电极测定饮用水中的氟含量

【实验目的】

1. 了解离子选择电极的主要特性，掌握氟离子选择电极法测定的原理、方法及实验操作。

2. 了解总离子强度调节缓冲液的意义和作用。

3. 掌握用标准曲线法和标准加入法测定未知物浓度。

【实验原理】

氟离子选择电极（简称氟电极）是晶体膜电极，见示意图图 4-28-1。它的敏感膜由难溶盐 LaF_3 单晶（定向掺杂 EuF_2）薄片制成，电极管内装有 0.1mol·L^{-1} NaF 和 0.1mol·L^{-1} NaCl 组成的内充液，浸入一根 Ag-AgCl 内参比电极。测定时，氟电极、饱和甘汞电极（外参比电极）和含氟试液组成下列电池：

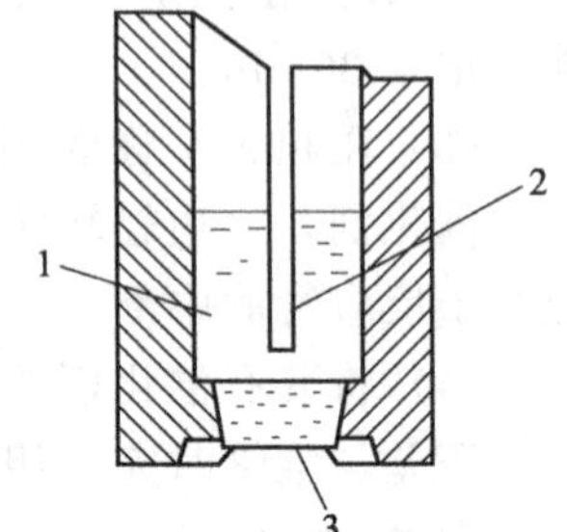

图 4-28-1 氟离子选择电极示意图

1—0.1mol·L^{-1} NaF，0.1mol·L^{-1} NaCl 内充液；2—Ag-AgCl 内参比电极；3—掺 EuF_2 的 LaF_3 单晶

氟离子选择电极 | F^- 试液($c=x$) ‖ 饱和甘汞电极

一般离子计上氟电极接（－），饱和甘汞电极（SCE）接（＋），测得电池的电位差为：

$$E_{电池}=\varphi_{SCE}-\varphi_{膜}-\varphi_{Ag\text{-}AgCl}+\varphi_a+\varphi_j \tag{4-28-1}$$

在一定的实验条件下（如溶液的离子强度、温度等），外参比电极电位 φ_{SCE}、活度系数 γ、内参比电极电位 $\varphi_{Ag\text{-}AgCl}$、氟电极的不对称电位 φ_a 以及液接电位 φ_j 等都可以作为常数处理。而氟电极的膜电位 $\varphi_{膜}$ 与 F^- 活度的关系符合 Nernst 公式，因此上述电池的电位差 $E_{电池}$ 与试液中氟离子活度的对数呈线性关系，即：

$$E_{电池}=k+\frac{2.303RT}{F}\lg a_{F^-} \tag{4-28-2}$$

因此，可以用直接电位法测定 F^- 的浓度。

式中 k——常数；

R——摩尔气体常数，8.314J·mol^{-1}·K^{-1}；

T——热力学温度，K；

F——法拉第常数，96485C·mol^{-1}。

当有共存离子时，可用电位选择性系数 $K_{i,j}^{pot}$ 来表征共存离子对响应离子的干扰程度：

$$E_{电池}=k+\frac{2.303RT}{zF}\log(a_i+K_{i,j}^{pot}a_j^{z/m}) \tag{4-28-3}$$

本实验用标准工作曲线法、标准加入法测定水中氟离子的含量。测量的 pH 值范围为 5.0～6.0，加入含有柠檬酸钠、硝酸钠（或氯化钠）及 HAc-NaAc 的总离子强度调节缓冲溶液（total ionic strength adjustment buffer，TISAB）来控制酸度，并且可以保持一定的离子强度和消除干扰离子对测定的影响。

【仪器、试剂及材料】

仪器：pHS-3C 型数字式酸度计，集热式磁力搅拌器，氟离子选择电极，饱和甘汞电极，聚乙烯塑料烧杯（100mL）。

试剂：

(1) TISAB 溶液：称取氯化钠 58.0g，柠檬酸钠 10.0g，溶于 800mL 去离子水中，再加入冰醋酸 57.0mL，用 40% 的 NaOH 溶液调节 pH 至 5.0，然后加去离子水稀释至总体积为 1L。

（2）NaF 标准储备液（0.100mol·L^{-1}）：准确称取 2.100g NaF（已在 120℃烘干 2h 以上）放入 500mL 烧杯中，加入 100mL TISAB 溶液和 300mL 去离子水，NaF 完全溶解后转移至 500mL 容量瓶中，用去离子水稀释至刻度，摇匀，保存于聚乙烯塑料瓶中备用。

材料：滤纸片，广泛 pH 试纸，磁力搅拌子。

【安全须知和废弃物处理】

1. 实验室中需穿戴普通棉纱实验服、防护目镜或面罩。

2. 取用化学试剂、处理金属溶液和酸液时需戴丁腈橡胶手套。醋酸和 NaF 溶液对眼睛、黏膜和皮肤有刺激作用，若发生皮肤沾染，及时用水冲洗沾染部位 10min 以上；若发生眼睛接触，应提起眼睑，用洗眼器冲洗，然后就医。

3. NaF 溶液的盛装使用聚乙烯塑料容器。小心使用酸度计、量筒和各类电极等，防止玻璃器皿破损划伤。

4. 金属废液和废酸液等分类倒入固定的废液回收桶。

【实验步骤】

1. 氟离子选择电极的准备

按要求调好酸度计（使用方法参见 2.4 节）至 mV 挡，装上氟电极和参比电极（SCE）。将氟离子选择电极浸泡在 1.0×10^{-1} mol·L^{-1} F^- 溶液中，约 30min，然后用新鲜制作的去离子水清洗数次，直至测得的电极电位值达到本底值（约－370mV）方可使用（各支电极的本底值不同，由电极的生产厂标明）。

2. 标准溶液系列的配制

取 5 个干净的 50mL 容量瓶，在第 1 个容量瓶中加入 10.0mL TISAB 溶液，其余加入 9.0mL TISAB 溶液。用 5mL 移液管吸取 5.00mL 0.1mol·L^{-1} NaF 标准储备液放入第 1 个容量瓶中，加去离子水至刻度，摇匀即为 1.0×10^{-2}mol·L^{-1} F^- 溶液。再用 5mL 移液管从第 1 个容量瓶中吸取 5.0mL 刚配好的 1.0×10^{-2}mol·L^{-1} F^- 溶液放入第 2 个容量瓶中，加去离子水至刻度，摇匀即为 1.0×10^{-3}mol·L^{-1} F^- 溶液。用相同方法配制出 10^{-6}～10^{-2}mol·L^{-1} F^- 溶液。

3. 标准曲线的测绘

将上述步骤 2 所配好的一系列溶液分别取少量润洗对应的 50mL 干净塑料烧杯，然后将剩余的溶液全部倒入对应的烧杯中，放入搅拌子，插入氟离子选择电极和饱和甘汞电极，在电磁搅拌器上搅拌 3～4min 后读取 mV 值。测量的顺序是由稀至浓，这样在转换溶液时电极不必用水洗，仅用滤纸吸去附着电极和搅拌子上的溶液即可。注意电极不要插得太深，以免搅拌子打破电极。

测量完毕后将电极用去离子水清洗，直至测得的电极电位值为－370mV 左右待用。

4. 试样中氟离子含量的测定

用小烧杯准确称取约 0.5g 牙膏，加少量去离子水溶解，加入 10mL TISAB，煮沸 2min，冷却并转移至 50mL 容量瓶中，用去离子水稀释至刻度，待用。

若用自来水，可直接在实验室取样。

（1）标准曲线法：准确移取自来水 25mL 于 50mL 容量瓶中，加入 10.0mL TISAB，用去离子水稀释至刻度，摇匀，然后全部倒入一烘干的塑料烧杯中，插入电极，在搅拌条件下，待电极稳定后读取电位值 E_x（此溶液不要倒掉，留作下步实验用）。

（2）标准加入法：测得实验（1）的电位 E_x 后，准确加入 1.00mL $1.00\times10^{-4}mol\cdot L^{-1}$ F^- 标准溶液，测得电位值 E_1（若读得的电位值变化 ΔE 小于 20mV，应使用 $1.00\times10^{-3}mol\cdot L^{-1}$ F^- 标准溶液，此时实验需重新开始）。

（3）空白实验：以去离子水代替试样，重复上述测定。

5. 选择性系数$K_{i,j}^{pot}$ 的测定

（1）取一个洁净的 50mL 容量瓶，加入 10mL TISAB 溶液，用 20mL 移液管移取 20mL $0.1mol\cdot L^{-1}$ NaCl 至容量瓶内，然后再移取 0.2mL $0.1mol\cdot L^{-1}$ NaF 溶液至容量瓶内，用去离子水定容。

（2）按上述步骤，测其电位值。

（3）用式(4-28-2) 计算出常数 k 后，即可利用式(4-28-3) 计算氟离子电极对 F^- 的电位选择性系数K_{F^-,Cl^-}^{pot}，此时 $[F^-]:[Cl^-]=1:100$。显然K_{F^-,Cl^-}^{pot} 越小越好。

【数据记录与处理】

1. 以测得的电位值 φ(mV)为纵坐标，以 pF [或 lg$c$(F)] 为横坐标，在（半对数）坐标纸上作出校准曲线，从标准曲线上求该氟离子选择电极的实际斜率和线性范围，并由 E_x 值求试样中 F^- 的浓度。

2. 根据标准加入法公式，求试样中 F^- 浓度：

$$c_x=\frac{\Delta c}{10^{\Delta E/s}-1}$$

式中 $\Delta c=\frac{V_s c_s}{V_x}$；

ΔE——两次测得的电位值之差；

s——电极的实际斜率，可从标准曲线上求出。

【注意事项】

测量时浓度由稀至浓，每次测定后用被测试液清洗电极及搅拌子。

【思考题】

1. 写出离子选择电极的电极电位的完整表达式。
2. 为什么要加入总离子强度调节剂？说明离子选择电极法中用 TISAB 溶液的意义。
3. 比较采用标准曲线法与标准加入法测得的 F^- 浓度有何不同，为什么？
4. 怎样用逐级稀释法配制不同浓度的 NaF 溶液？

附录

附录1 部分物理化学常用数据

1. 物理化学常数

常数名称	符号	数值	单位(SI)
真空光速	c	2.99792458	$10^{8}m\cdot s^{-1}$
基本电荷	e	1.6021892	$10^{-19}C$
阿伏伽德罗常数	N_A	6.022045	$10^{23}mol^{-1}$
原子质量单位	u	1.6605655	$10^{-27}kg$
电子静质量	m_c	9.109534	$10^{-31}kg$
质子静质量	m_p	1.6726485	$10^{-19}kg$
法拉第常数	F	9.648456	$10^{4}C\cdot mol^{-1}$
普朗克常数	h	6.626176	$10^{-34}J\cdot s$
电子质荷比	e/m	1.7588047	$10^{11}C\cdot kg^{-1}$
里德堡常数	R	1.097373177	$10^{7}m^{-1}$
玻尔磁子	μ_B	9.274078	$10^{-24}J\cdot T^{-1}$
气体常数	R	8.31441	$J\cdot K^{-1}\cdot mol^{-1}$
玻尔兹曼常数	k	1.380662	$10^{-23}J\cdot K^{-1}$
万有引力常数	G	6.6720	$10^{-11}N\cdot m^{2}\cdot kg^{-2}$
重力加速度	g	9.80665	$m\cdot s^{-2}$

2. 能量单位换算表

尔格 erg	焦耳 J	千克力·米 kgf·m	千瓦·时 kW·h	千卡 kcal	升·大气压 L·atm
1	10^{-7}	0.102×10^{-7}	27.78×10^{-15}	23.9×10^{-12}	9.869×10^{-10}
10^{7}	1	0.102	277.8×10^{-9}	23.9×10^{-5}	9.869×10^{-3}
9.807×10^{7}	9.807	1	2.724×10^{-6}	2.342×10^{-3}	9.679×10^{-2}
36×10^{12}	3.6×10^{6}	3.671×10^{3}	1	859.845	3.553×10^{4}
41.87×10^{9}	4186.8	426.935	1.163×10^{-3}	1	41.29
1.013×10^{9}	101.3	10.33	2.814×10^{5}	0.024218	1

注：1尔格=1达因·厘米；1焦耳=1牛·米=1瓦·秒；1电子伏特=1.602×10^{-19}焦。

3. 国际单位制中具有专用名称的导出单位

量的名称	单位名称	单位符号	其他表示示例
频率	赫[兹]	Hz	s^{-1}
力	牛[顿]	N	$kg\cdot m\cdot s^{-2}$
压力、应力	帕[斯卡]	Pa	$N\cdot m^{-2}$
能、功、热量	焦[耳]	J	$N\cdot m$
电量、电荷	库[仑]	C	$A\cdot s$
功率	瓦[特]	W	$J\cdot s^{-1}$
电位、电压、电动势	伏[特]	V	$W\cdot A^{-1}$
电容	法[拉]	F	$C\cdot V^{-1}$

续表

量的名称	单位名称	单位符号	其他表示示例
电阻	欧[姆]	Ω	$V \cdot A^{-1}$
电导	西[门子]	S	$A \cdot V^{-1}$
磁通量	韦[伯]	Wb	$V \cdot s$
磁感应强度	特[斯拉]	T	$Wb \cdot m^{-2}$
电感	亨[利]	H	$Wb \cdot A^{-1}$
摄氏温度	摄氏度	℃	

4. 不同温度下水的表面张力 σ

t/℃	$\sigma/(10^{-3}N \cdot m^{-1})$	t/℃	$\sigma/(10^{-3}N \cdot m^{-1})$	t/℃	$\sigma/(10^{-3}N \cdot m^{-1})$
0	75.64	17	73.19	26	71.82
5	74.92	18	73.05	27	71.66
10	74.22	19	72.90	28	71.50
11	74.07	20	72.75	29	71.35
12	73.93	21	72.59	30	71.18
13	73.78	22	72.44	35	70.38
14	73.64	23	72.28	40	69.56
15	73.49	24	72.13	45	68.74
16	73.34	25	71.97		

5. 不同温度下纯水和乙醇的折射率

t/℃	纯水	99.8%乙醇	t/℃	纯水	99.8%乙醇
14	1.33346	—	34	1.33136	1.35474
15	1.33341	1.36330	36	1.33107	1.35390
16	1.33333	1.36210	38	1.33079	1.35306
18	1.33317	1.36129	40	1.33051	1.35222
20	1.33299	1.36048	42	1.33023	1.35138
22	1.33281	1.35967	44	1.32992	1.35054
24	1.33263	1.35885	46	1.32959	1.34969
26	1.33241	1.35803	48	1.32927	1.34885
28	1.33219	1.35721	50	1.32894	1.34800
30	1.33192	1.35639	52	1.32860	1.34715
32	1.33164	1.35557	54	1.32827	1.34629

6. 常见有机溶剂的折射率

物质	t/℃		物质	t/℃	
	15	20		15	20
苯	1.50493	1.50110	四氯化碳	1.46305	1.46044
丙酮	1.38175	1.35911	乙醇	1.36330	1.36048
甲苯	1.49980	1.49680	环己烷	1.42900	—
醋酸	1.37760	1.37170	硝基苯	1.55470	1.55240
氯苯	1.52748	1.52460	正丁醇	—	1.39909
氯仿	1.44853	1.44550	二硫化碳	1.62935	1.62546

7. 常见溶剂的凝固点和凝固点降低常数

溶剂	凝固点/℃	K_f/(K·mol^{-1}·kg)
水	0.00	1.86
苯	5.53	5.12
醋酸	16.63	3.90
樟脑	178.4	37.7
萘	80.25	6.9
环己烷	6.50	20.2
环己醇	6.544	39.3
硝基苯	5.70	6.9
三溴甲烷	7.8	14.4

附录 2　常用酸碱溶液的密度、浓度

溶液名称	密度 ρ /(g·cm^{-3})	质量分数 /%	(物质的量)浓度 c /(mol·L^{-1})	溶液名称	密度 ρ /(g·cm^{-3})	质量分数 /%	(物质的量)浓度 c /(mol·L^{-1})
浓硫酸 H_2SO_4	1.84	95～96	18	稀硫酸 H_2SO_4	1.18	25	3
稀硫酸 H_2SO_4	1.06	9	1	浓硝酸 HNO_3	1.42	70.4	15.9
稀硝酸 HNO_3	1.07	12	2	稀硝酸 HNO_3	1.20	32	6
浓盐酸 HCl	1.19	38	12	稀盐酸 HCl	1.10	20	6
稀盐酸 HCl	1.03	7	2	稀磷酸 H_3PO_4	1.05	9	1
浓磷酸 H_3PO_4	1.7	85	15	浓氢氟酸 HF	1.13	40	23
稀高氯酸 $HClO_4$	1.12	19	2	氢溴酸 HBr	1.38	40	7
冰醋酸 CH_3COOH	1.05	99～100	17.5	氢碘酸 HI	1.70	57	7.5
浓醋酸 CH_3COOH	1.04	30	5	浓氢氧化钠 NaOH	1.54	50.5	19.4
稀醋酸 CH_3COOH	1.02	12	2	稀氢氧化钠 NaOH	1.09	8	2
浓氨水 NH_3(aq)	0.90	28	14.5	稀氨水 NH_3(aq)	0.98	4	2

附录 3　难溶电解质的溶度积常数

名称	化学式	K_{sp}	名称	化学式	K_{sp}
氯化银	AgCl	1.56×10^{-10}	氢氧化铁	$Fe(OH)_3$	1.1×10^{-36}
溴化银	AgBr	7.7×10^{-13}	硫化铁	FeS	3.7×10^{-19}
碘化银	AgI	1.5×10^{-16}	氯化亚汞	Hg_2Cl_2	2.0×10^{-18}
铬酸银	Ag_2CrO_4	9.0×10^{-12}	溴化亚汞	Hg_2Br_2	1.3×10^{-21}
碳酸钡	$BaCO_3$	8.1×10^{-9}	碘化亚汞	Hg_2I_2	1.2×10^{-28}
铬酸钡	$BaCrO_4$	1.6×10^{-10}	硫化汞	HgS	4×10^{-53}～2×10^{-49}
硫酸钡	$BaSO_4$	1.08×10^{-10}	碳酸锂	Li_2CO_3	1.7×10^{-3}
碳酸钙	$CaCO_3$	8.7×10^{-9}	碳酸镁	$MgCO_3$	2.6×10^{-5}
草酸钙	CaC_2O_4	2.57×10^{-9}	氢氧化镁	$Mg(OH)_2$	1.2×10^{-11}
氟化钙	CaF_2	3.95×10^{-11}	氢氧化锰	$Mn(OH)_2$	4.0×10^{-14}
硫酸钙	$CaSO_4$	1.96×10^{-4}	硫化锰	MnS	1.4×10^{-15}
硫化镉	CdS	3.6×10^{-29}	碳酸铅	$PbCO_3$	3.3×10^{-14}
硫化铜	CuS	8.5×10^{-45}	铬酸铅	$PbCrO_4$	1.77×10^{-14}
硫化亚铜	Cu_2S	2.0×10^{-47}	碘化铅	PbI_2	1.39×10^{-8}
氯化铜	CuCl	1.02×10^{-6}	硫酸铅	$PbSO_4$	1.06×10^{-3}
溴化铜	CuBr	4.15×10^{-8}	硫化铅	PbS	3.4×10^{-28}
碘化亚铜	CuI	5.06×10^{-12}	氢氧化锌	$Zn(OH)_2$	1.8×10^{-14}
氢氧化亚铁	$Fe(OH)_2$	1.64×10^{-14}	硫化锌	ZnS	1.2×10^{-23}

附录 4　不同温度、不同浓度的 KCl 标准溶液的电导率 κ

单位：$S \cdot cm^{-1}$

t/℃	$c/(mol \cdot L^{-1})$			
	1.000①	0.1000	0.0200	0.0100
0	0.06541	0.00715	0.001521	0.000776
5	0.07414	0.00822	0.001752	0.000896
10	0.08319	0.00933	0.001994	0.001020
15	0.09252	0.01048	0.002243	0.001147
16	0.09441	0.01072	0.002294	0.001173
17	0.09631	0.01095	0.002345	0.001199
18	0.09822	0.01119	0.002397	0.001225
19	0.10014	0.01143	0.002449	0.001251
20	0.10207	0.01167	0.002501	0.001278
21	0.10400	0.01191	0.002553	0.001305
22	0.10594	0.01215	0.002606	0.001332
23	0.10789	0.01239	0.002659	0.001359
24	0.10984	0.01264	0.002712	0.001386
25	0.11180	0.01288	0.002765	0.001413
26	0.11377	0.01313	0.002819	0.001441
27	0.11574	0.01337	0.002873	0.001468
28	—	0.01362	0.002927	0.001496
29	—	0.01387	0.002981	0.001524
30	—	0.01412	0.003036	0.001552
35	—	0.01539	0.003312	—
36	—	0.01564	0.003368	—

① 在空气中称取 74.56g KCl，溶于 18℃水中，稀释到 1L，其浓度为 $1.000 mol \cdot L^{-1}$（密度 $1.0449 g \cdot cm^{-3}$），再稀释得其他浓度溶液。

附录 5　不同温度下水的饱和蒸气压

t/℃	p/kPa	t/℃	p/kPa	t/℃	p/kPa	t/℃	p/kPa
1	0.65716	26	3.3629	51	12.97	76	40.205
2	0.70605	27	3.567	52	13.623	77	41.905
3	0.75813	28	3.7818	53	14.303	78	43.665
4	0.81359	29	4.0078	54	15.012	79	45.487
5	0.8726	30	4.2455	55	15.752	80	47.373
6	0.93537	31	4.4953	56	16.522	81	49.324
7	1.0021	32	4.7578	57	17.324	82	51.342
8	1.073	33	5.0335	58	18.159	83	53.428
9	1.1482	34	5.3229	59	19.028	84	55.585
10	1.2281	35	5.6267	60	19.932	85	57.815
11	1.3129	36	5.9453	61	20.873	86	60.119
12	1.4027	37	6.2795	62	21.851	87	62.499
13	1.4979	38	6.6298	63	22.868	88	64.958
14	1.5988	39	6.9969	64	23.925	89	67.496
15	1.7056	40	7.3814	65	25.022	90	70.117
16	1.8185	41	7.784	66	26.163	91	72.823
17	1.938	42	8.2054	67	27.347	92	75.641
18	2.0644	43	8.6463	68	28.576	93	78.494
19	2.1978	44	9.1075	69	29.852	94	81.465
20	2.3388	45	9.5898	70	31.176	95	84.529
21	2.4877	46	10.094	71	32.549	96	87.688
22	2.6447	47	10.62	72	33.972	97	90.945
23	2.8104	48	11.171	73	35.448	98	94.301
24	2.985	49	11.745	74	36.978	99	97.759
25	3.169	50	12.344	75	38.563	100	101.32

附录 6　18℃下水溶液中阴离子的迁移数

电解质	$c/(mol \cdot L^{-1})$					
	0.01	0.02	0.05	0.1	0.2	0.5
NaOH	—	—	0.81	0.82	0.82	0.82
KOH	—	—	—	0.735	0.736	0.738
HCl	0.167	0.166	0.165	0.164	0.163	0.160
KCl	0.504	0.504	0.505	0.506	0.506	0.510
KNO_3	0.4916	0.4913	0.4907	0.4897	0.4880	—
H_2SO_4	0.175	—	0.172	0.175	—	0.175

附录 7　常见气体在水中的溶解度

（气体压力和水蒸气压力之和为 101.3kPa 时，溶解于 100g 水的气体质量）

气体	溶解度/[g·(100g H_2O)$^{-1}$]						
	0℃	10℃	20℃	30℃	40℃	50℃	60℃
Cl_2	—	0.9970	0.7293	0.5723	0.4590	0.3920	0.3295
CO	4.397×10^{-3}	3.479×10^{-3}	2.838×10^{-3}	2.405×10^{-3}	2.075×10^{-3}	1.797×10^{-3}	1.522×10^{-3}
CO_2	0.3346	0.2318	0.1688	0.1257	0.0973	0.0761	0.0576
H_2	1.922×10^{-4}	1.740×10^{-4}	1.603×10^{-4}	1.474×10^{-4}	1.384×10^{-4}	1.287×10^{-4}	1.178×10^{-4}
H_2S	0.7066	0.5112	0.3846	0.2983	0.2361	0.1883	0.1480
N_2	2.942×10^{-3}	2.312×10^{-3}	1.901×10^{-3}	1.624×10^{-3}	1.391×10^{-3}	1.216×10^{-3}	1.052×10^{-3}
NH_3	89.5	68.4	52.9	41.0	31.6	23.5	16.8
NO	9.833×10^{-3}	7.560×10^{-3}	6.173×10^{-3}	5.165×10^{-3}	4.394×10^{-3}	—	3.237×10^{-3}
O_2	6.945×10^{-3}	5.368×10^{-3}	4.339×10^{-3}	3.588×10^{-3}	3.082×10^{-3}	2.657×10^{-3}	2.274×10^{-3}
SO_2	22.83	16.21	11.28	7.80	5.41	—	—

附录 8　常见无机化合物在水中的溶解度

与饱和溶液平衡的固相物质	溶解度 $s/(g \cdot L^{-1})$	适用温度 t/℃	与饱和溶液平衡的固相物质	溶解度 $s/(g \cdot L^{-1})$	适用温度 t/℃
$AgNO_3$	12.2	0	$BaO \cdot 8H_2O$	1.6	—
Ag_2SO_4	5.7	0	$BaSO_4 \cdot 4H_2O$	425	25
AgF	1820	15.5	$CaCl_2$	745	20
$AlCl_3$	699	15	$CaCl_2 \cdot 6H_2O$	2790	0
AlF_3	5.59	25	$CaCrO_4 \cdot 2H_2O$	163	20
$Al(NO_3)_3 \cdot 9H_2O$	637	25	$Ca(OH)_2$	1.85	0
$Al_2(SO_4)_3$	313	0	$Ca(NO_3)_2 \cdot 4H_2O$	2660	0
$Al_2(SO_4)_3 \cdot 18H_2O$	869	0	$CaSO_4 \cdot 2H_2O$	2.4	—
As_2O_5	1500	14	$CaSO_4 \cdot 1/2H_2O$	3	20
As_2O_3	37	20	$CdCl_2$	1400	20
$BaCl_2$	375	26	$CdCl_2 \cdot H_2O$	1680	20
$BaCl_2 \cdot 2H_2O$	587	100	$Cd(NO_3)_2 \cdot 4H_2O$	2150	—
BaF_2	1.2	25	$CdSO_4 \cdot 8H_2O$	1130	0
$Ba(OH)_2 \cdot 8H_2O$	56	15	Cl_2	14.9	0
$Ba(NO_3)_2 \cdot H_2O$	630	20	CO_2	3.48	0
BaO	34.8	20	CO_2	1.45	25

续表

与饱和溶液平衡的固相物质	溶解度 $s/(g \cdot L^{-1})$	适用温度 t/℃	与饱和溶液平衡的固相物质	溶解度 $s/(g \cdot L^{-1})$	适用温度 t/℃
$CoCl_2 \cdot 6H_2O$	767	0	$CuSO_4$	143	0
$Co(NO_3)_2 \cdot 6H_2O$	1338	0	$CuSO_4 \cdot 5H_2O$	316	0
$CoSO_4 \cdot 7H_2O$	604	3	$[Cu(NH_3)_4]SO_4 \cdot H_2O$	185	21.5
$Cr_2(SO_4)_3 \cdot 18H_2O$	1200	20	$FeCl_2 \cdot 4H_2O$	1601	10
$KMnO_4$	63.3	20	$FeCl_3 \cdot 6H_2O$	919	20
KNO_3	133	0	$Fe(NO_3)_2 \cdot 6H_2O$	835	20
KNO_3	2470	100	$Fe(NO_3)_3 \cdot 6H_2O$	1500	0
KSCN	1772	0	$FeC_2O_4 \cdot 2H_2O$	0.22	—
LiCl	637	0	$FeSO_4 \cdot 7H_2O$	156.5	—
$LiCl \cdot H_2O$	862	20	$Fe_2(SO_4)_3 \cdot 9H_2O$	4400	—
LiOH	128	20	H_3BO_3	63.5	20
$LiOH \cdot 3H_2O$	348	0	HIO_3	2860	0
$Li_2SO_4 \cdot H_2O$	349	25	$HgCl_2$	69	20
$MgCl_2 \cdot 6H_2O$	1670	—	$HgSO_4 \cdot 2H_2O$	0.03	18
$Mg(NO_3)_2 \cdot 6H_2O$	1250	—	$H_2MoO_4 \cdot H_2O$	1.33	18
$MgSO_4 \cdot 7H_2O$	710	20	H_3PO_4	5480	—
$MnCl_2 \cdot 4H_2O$	1501	8	$KAl(SO_4)_2 \cdot 12H_2O$	114	20
$Mn(NO_3)_2 \cdot 4H_2O$	4264	0	KBr	534.8	0
$MnSO_4 \cdot 7H_2O$	1720	—	K_2CO_3	1120	20
$MnSO_4 \cdot 6H_2O$	1474	—	$K_2CO_3 \cdot 2H_2O$	1469	—
$NaC_2H_3O_2$	1190	0	$KClO_3$	71	20
$NaC_2H_3O_2 \cdot 3H_2O$	762	0	$KClO_4$	7.5	0
$Na_3AsO_4 \cdot 12H_2O$	389	15.5	KCl	347	20
$Na_2B_4O_7 \cdot 10H_2O$	20.1	0	K_2CrO_4	629	20
$NaBr \cdot 2H_2O$	795	0	$K_2Cr_2O_7$	49	0
Na_2CO_3	71	0	$KCr(SO_4)_2 \cdot 12H_2O$	243.9	25
$Na_2CO_3 \cdot H_2O$	215.2	0	$K_3[Fe(CN)_6]$	330	4
$NaHCO_3$	69	0	$K_4[Fe(CN)_6] \cdot 3H_2O$	145	0
NaCl	357	0	KOH	1070	15
$NaClO \cdot 5H_2O$	293	0	KIO_3	47.4	0
Na_2CrO_4	873	20	KIO_4	6.6	15
$Na_2CrO_4 \cdot 10H_2O$	500	10	KI	1275	0
$Na_2Cr_2O_7 \cdot 2H_2O$	2380	0	$KCl \cdot MgCl_2 \cdot 6H_2O$	645	19
$Na_2C_2O_4$	37	20	NH_3	899	—
NaI	1840	25	$NH_4C_2H_3O_2$	1480	4
$NaI \cdot 2H_2O$	3179	0	$NH_4Al(SO_4)_2 \cdot 12H_2O$	150	20
$Na_2MoO_4 \cdot 2H_2O$	562	0	$NH_4H_2AsO_4$	337.4	0
$NaNO_2$	815	15	$NH_4B_5O_8 \cdot 4H_2O$	70.3	18
$Na_3PO_4 \cdot 10H_2O$	88	—	$(NH_4)_2B_4O_7 \cdot 4H_2O$	72.7	18
$Na_4P_2O_7 \cdot 10H_2O$	54.1	0	NH_4Br	970	25
$Na_2SO_4 \cdot 10H_2O$	110	0	$(NH_4)_2CO_3 \cdot H_2O$	1000	15
$Na_2SO_4 \cdot 10H_2O$	927	30	NH_4HCO_3	119	0
$Na_2S \cdot 9H_2O$	475	10	NH_4ClO_3	287	0
$Na_2SO_3 \cdot 7H_2O$	328	0	NH_4ClO_4	107.4	0
$Na_2S_2O_3 \cdot 5H_2O$	794	0	NH_4Cl	297	0
$Na_2WO_4 \cdot 2H_2O$	410	0	$(NH_4)_2CrO_4$	405	30
$[Cr(H_2O)_4Cl_3] \cdot 2H_2O$	585	25	$(NH_4)_2Cr_2O_7$	308	15
$CuCl_2 \cdot 2H_2O$	1104	0	$NH_4Cr(SO_4)_2 \cdot 12H_2O$	212	25
$Cu(NO_3)_2 \cdot 6H_2O$	2437	0	NH_4F	1000	0

续表

与饱和溶液平衡的固相物质	溶解度 $s/(g \cdot L^{-1})$	适用温度 t/℃	与饱和溶液平衡的固相物质	溶解度 $s/(g \cdot L^{-1})$	适用温度 t/℃
$(NH_4)_2SiF_6$	186	17	$NiCl_2 \cdot 6H_2O$	2540	20
NH_4I	1542	0	$NiSO_4 \cdot 7H_2O$	756	15.5
$NH_4Fe(SO_4)_2 \cdot 12H_2O$	1240	25	$NiSO_4 \cdot 6H_2O$	625.2	0
$(NH_4)_2SO_4 \cdot FeSO_4 \cdot 6H_2O$	269	20	$Pb(C_2H_3O_2)$	443	20
$NH_4MgPO_4 \cdot 6H_2O$	0.231	0	$Pb(NO_3)_2$	376.5	0
$(NH_4)_6Mo_7O_{24} \cdot 4H_2O$	430	—	SO_2	228	0
NH_4NO_3	1183	0	$SnCl_2$	839	0
$(NH_4)_2C_2O_4 \cdot H_2O$	2540	0	$Sr(NO_3)_2 \cdot 4H_2O$	604.3	0
$(NH_4)_3PO_4 \cdot 3H_2O$	261	25	$Zn(C_3H_3O_2)_2 \cdot 2H_2O$	311	20
NH_4SCN	1280	0	$ZnCl_2$	4320	25
$(NH_4)_2SO_4$	706	0	$ZnSO_4 \cdot 7H_2O$	965	20
NH_4VO_3	5.2	15	$Zn(SO_3)_2 \cdot 6H_2O$	1843	20
$Ni(C_2H_3O_2)_2$	166	—			

附录 9 常见离子和化合物的颜色

常见无色离子	Ag^+，Cd^{2+}，K^+，Ca^{2+}，As^{3+}，Pb^{2+}，Zn^{2+}，Na^+，Sr^{2+}，As^{5+}，Hg^{2+}，Bi^{3+}，Ba^{2+}，Sb^{2+}，Sb^{5+}，Hg^{2+}，Mg^{2+}，Al^{3+}，Sn^{2+}，Sn^{4+}，SO_4^{2-}，PO_4^{3-}，F^-，SCN^-，$C_2O_4^{2-}$，MoO_4^{2-}，WO_4^{2-}，$S_2O_3^{2-}$，$B_4O_7^{2-}$，Br^-，NO_2^-，ClO_3^-，VO_3^-，CO_3^{2-}，SiO_4^{2-}，I^-，Ac^-，BrO_3^-
常见有色离子	Mn^{2+}浅玫瑰色，稀溶液无色；$[Fe(H_2O)_6]^{3+}$淡紫色；Fe^{3+}盐溶液黄色或红棕色；Fe^{2+}浅绿色，稀溶液无色；Cr^{3+}绿色或紫色 Co^{2+}玫瑰色；Ni^{2+}绿色；Cu^{2+}浅蓝色；$Cr_2O_7^{2-}$橙色，CrO_4^{2-}黄色；MnO_4^-紫色；$[Fe(CN)_4]^{4-}$黄绿色；$[Fe(CN)_6]^{3-}$黄棕色
黑色化合物	CuO，NiO，FeO，Fe_3O_4，MnO_2，FeS，CuS，Ag_2S，NiS，CoS，PbS，NiO(OH)
蓝色化合物	$CuSO_4 \cdot 5H_2O$，$Cu(NO_3)_2 \cdot 6H_2O$，多水合铜盐，无水 $CoCl_2$
绿色化合物	镍盐，亚铁盐，铬盐，某些铜盐如 $CuCl_2 \cdot 2H_2O$，$Ni(OH)_2$ 苹果绿色
黄色化合物	CdS，PbO，碘化物如 AgI，铬酸盐如 $BaCrO_4$、K_2CrO_4，$Zn_2[Fe(CN)_6]$黄褐色
红色化合物	Fe_2O_3，Cu_2O，HgO，HgS，Pb_3O_4，$Ni(DMG)_2$，$Cu_2[Fe(CN)_6]$红棕色，HgI_2 金红色
粉红色化合物	$MnSO_4 \cdot 7H_2O$ 等锰盐，$CoCl_2 \cdot 6H_2O$
紫色化合物	亚铬盐(如$[Cr(Ac)_2]_2 \cdot 2H_2O$)，高锰酸盐

参 考 文 献

[1] 金丽萍，邬时清，陈大勇．物理化学实验 [M]．2版．上海：华东理工大学出版社，2005.
[2] 唐林，孟阿兰，刘红天．物理化学实验 [M]．北京：化学工业出版社，2008.
[3] 周建敏，蔡洁．物理化学实验 [M]．北京：中国石化出版社，2012.
[4] 许新华，王晓岗，王国平．物理化学实验 [M]．北京：化学工业出版社，2017.
[5] 刘金河．物理化学实验 [M]．北京：中国石油大学出版社，2001.
[6] 郭子成，杨建一，罗青枝．物理化学实验 [M]．北京：北京理工大学出版社，2005.
[7] 杨百勤．物理化学实验 [M]．北京：化学工业出版社，2001.
[8] 武汉大学化学与分子科学学院实验中心．物理化学实验 [M]．武汉：武汉大学出版社，2004.
[9] 冯霞，朱莉娜，朱荣娇．物理化学实验 [M]．北京：高等教育出版社，2015.
[10] 贺全国，汤建新，刘展鹏．物理化学实验指导 [M]．北京：化学工业出版社，2019.
[11] 王丽芳，康艳珍．物理化学实验 [M]．北京：化学工业出版社，2007.
[12] 邵晨，许炎妹．物理化学实验 [M]．2版．北京：化学工业出版社，2018.
[13] 贾能勤，王秀英，黄楚森．物理化学实验 [M]．北京：高等教育出版社，2017.
[14] 孙文东，陆嘉星．物理化学实验 [M]．3版．北京：高等教育出版社，2014.
[15] 王金，刘桂艳．物理化学实验 [M]．北京：化学工业出版社，2015.

元素周期表

IUPAC 2013

说明	示例(95 号)
氧化态(单质的氧化态为0，未列入；常见的为红色)	+2 +3 +4 +5 +6
原子序数	95
元素符号(红色的为放射性元素)	Am
元素名称(注▲的为人造元素)	镅▲
价层电子构型	$5f^7 7s^2$
以 $^{12}C=12$ 为基准的原子量(注✦的是半衰期最长同位素的原子量)	243.06138(2)✦

s区元素　p区元素　d区元素　ds区元素　f区元素　稀有气体

周期＼族	1 ⅠA	2 ⅡA	3 ⅢB	4 ⅣB	5 ⅤB	6 ⅥB	7 ⅦB	8 ⅧB(Ⅷ)	9 ⅧB(Ⅷ)	10 ⅧB(Ⅷ)	11 ⅠB	12 ⅡB	13 ⅢA	14 ⅣA	15 ⅤA	16 ⅥA	17 ⅦA	18 ⅧA(0)	电子层
1	-1 +1 1 **H** 氢 $1s^1$ 1.008																	2 **He** 氦 $1s^2$ 4.002602(2)	K
2	+1 3 **Li** 锂 $2s^1$ 6.94	+2 4 **Be** 铍 $2s^2$ 9.0121831(5)											+3 5 **B** 硼 $2s^2 2p^1$ 10.81	-4 +2 +4 6 **C** 碳 $2s^2 2p^2$ 12.011	-3 -2 -1 +1 +2 +3 +4 +5 7 **N** 氮 $2s^2 2p^3$ 14.007	-2 -1 8 **O** 氧 $2s^2 2p^4$ 15.999	-1 9 **F** 氟 $2s^2 2p^5$ 18.998403163(6)	10 **Ne** 氖 $2s^2 2p^6$ 20.1797(6)	L K
3	-1 +1 11 **Na** 钠 $3s^1$ 22.98976928(2)	+2 12 **Mg** 镁 $3s^2$ 24.305											+3 13 **Al** 铝 $3s^2 3p^1$ 26.9815385(7)	-4 +2 +4 14 **Si** 硅 $3s^2 3p^2$ 28.085	-3 -2 +1 +3 +5 15 **P** 磷 $3s^2 3p^3$ 30.973761998(5)	-2 +2 +4 +6 16 **S** 硫 $3s^2 3p^4$ 32.06	-1 +1 +3 +5 +7 17 **Cl** 氯 $3s^2 3p^5$ 35.45	18 **Ar** 氩 $3s^2 3p^6$ 39.948(1)	M L K
4	-1 +1 19 **K** 钾 $4s^1$ 39.0983(1)	+2 20 **Ca** 钙 $4s^2$ 40.078(4)	+3 21 **Sc** 钪 $3d^1 4s^2$ 44.955908(5)	-1 0 +2 +3 +4 22 **Ti** 钛 $3d^2 4s^2$ 47.867(1)	0 ±1 +2 +3 +4 +5 23 **V** 钒 $3d^3 4s^2$ 50.9415(1)	-3 0 ±1 ±2 +3 +4 +5 +6 24 **Cr** 铬 $3d^5 4s^1$ 51.9961(6)	-2 0 ±1 +2 +3 +4 +5 +6 +7 25 **Mn** 锰 $3d^5 4s^2$ 54.938044(3)	-2 0 ±1 +2 +3 +4 +6 26 **Fe** 铁 $3d^6 4s^2$ 55.845(2)	0 ±1 +2 +3 +4 +5 27 **Co** 钴 $3d^7 4s^2$ 58.933194(4)	0 ±1 +2 +3 +4 28 **Ni** 镍 $3d^8 4s^2$ 58.6934(4)	+1 +2 +3 +4 29 **Cu** 铜 $3d^{10} 4s^1$ 63.546(3)	+1 +2 30 **Zn** 锌 $3d^{10} 4s^2$ 65.38(2)	+1 +3 31 **Ga** 镓 $4s^2 4p^1$ 69.723(1)	+2 +4 32 **Ge** 锗 $4s^2 4p^2$ 72.630(8)	-3 +3 +5 33 **As** 砷 $4s^2 4p^3$ 74.921595(6)	-2 +2 +4 +6 34 **Se** 硒 $4s^2 4p^4$ 78.971(8)	-1 +1 +3 +5 +7 35 **Br** 溴 $4s^2 4p^5$ 79.904	+2 +4 36 **Kr** 氪 $4s^2 4p^6$ 83.798(2)	N M L K
5	-1 +1 37 **Rb** 铷 $5s^1$ 85.4678(3)	+2 38 **Sr** 锶 $5s^2$ 87.62(1)	+3 39 **Y** 钇 $4d^1 5s^2$ 88.90584(2)	+1 +2 +3 +4 40 **Zr** 锆 $4d^2 5s^2$ 91.224(2)	0 ±1 +2 +3 +4 +5 41 **Nb** 铌 $4d^4 5s^1$ 92.90637(2)	0 ±1 ±2 +3 +4 +5 +6 42 **Mo** 钼 $4d^5 5s^1$ 95.95(1)	0 ±1 +2 +3 +4 +5 +6 +7 43 **Tc** 锝▲ $4d^5 5s^2$ 97.90721(3)✦	0 +1 +2 +3 +4 +5 +6 +7 +8 44 **Ru** 钌 $4d^7 5s^1$ 101.07(2)	0 ±1 +2 +3 +4 +5 +6 45 **Rh** 铑 $4d^8 5s^1$ 102.90550(2)	0 +1 +2 +4 46 **Pd** 钯 $4d^{10}$ 106.42(1)	+1 +2 +3 47 **Ag** 银 $4d^{10} 5s^1$ 107.8682(2)	+1 +2 48 **Cd** 镉 $4d^{10} 5s^2$ 112.414(4)	+1 +3 49 **In** 铟 $5s^2 5p^1$ 114.818(1)	+2 +4 50 **Sn** 锡 $5s^2 5p^2$ 118.710(7)	-3 +3 +5 51 **Sb** 锑 $5s^2 5p^3$ 121.760(1)	-2 +2 +4 +6 52 **Te** 碲 $5s^2 5p^4$ 127.60(3)	-1 +1 +3 +5 +7 53 **I** 碘 $5s^2 5p^5$ 126.90447(3)	+2 +4 +6 +8 54 **Xe** 氙 $5s^2 5p^6$ 131.293(6)	O N M L K
6	-1 +1 55 **Cs** 铯 $6s^1$ 132.90545196(6)	+2 56 **Ba** 钡 $6s^2$ 137.327(7)	57~71 **La~Lu** 镧系	+1 +2 +3 +4 72 **Hf** 铪 $5d^2 6s^2$ 178.49(2)	0 ±1 +2 +3 +4 +5 73 **Ta** 钽 $5d^3 6s^2$ 180.94788(2)	0 ±1 +2 +3 +4 +5 +6 74 **W** 钨 $5d^4 6s^2$ 183.84(1)	0 ±1 +2 +3 +4 +5 +6 +7 75 **Re** 铼 $5d^5 6s^2$ 186.207(1)	0 +1 +2 +3 +4 +5 +6 +7 +8 76 **Os** 锇 $5d^6 6s^2$ 190.23(3)	0 ±1 +2 +3 +4 +5 +6 77 **Ir** 铱 $5d^7 6s^2$ 192.217(3)	0 +2 +4 +5 +6 78 **Pt** 铂 $5d^9 6s^1$ 195.084(9)	+1 +2 +3 +5 79 **Au** 金 $5d^{10} 6s^1$ 196.966569(5)	+1 +2 +3 80 **Hg** 汞 $5d^{10} 6s^2$ 200.592(3)	+1 +3 81 **Tl** 铊 $6s^2 6p^1$ 204.38	+2 +4 82 **Pb** 铅 $6s^2 6p^2$ 207.2(1)	-3 +3 +5 83 **Bi** 铋 $6s^2 6p^3$ 208.98040(1)	-2 +2 +4 +6 84 **Po** 钋 $6s^2 6p^4$ 208.98243(2)✦	±1 +5 +7 85 **At** 砹 $6s^2 6p^5$ 209.98715(5)✦	+2 86 **Rn** 氡 $6s^2 6p^6$ 222.01758(2)✦	P O N M L K
7	+1 87 **Fr** 钫▲ $7s^1$ 223.01974(2)✦	+2 88 **Ra** 镭 $7s^2$ 226.02541(2)✦	89~103 **Ac~Lr** 锕系	104 **Rf** 𬬻▲ $6d^2 7s^2$ 267.122(4)✦	105 **Db** 𬭊▲ $6d^3 7s^2$ 270.131(4)✦	106 **Sg** 𬭳▲ $6d^4 7s^2$ 269.129(3)✦	107 **Bh** 𬭛▲ $6d^5 7s^2$ 270.133(2)✦	108 **Hs** 𬭶▲ $6d^6 7s^2$ 270.134(2)✦	109 **Mt** 鿏▲ $6d^7 7s^2$ 278.156(5)✦	110 **Ds** 𫟼▲ 281.165(4)✦	111 **Rg** 𬬭▲ 281.166(6)✦	112 **Cn** 鿔▲ 285.177(4)✦	113 **Nh** 鿭▲ 286.182(5)✦	114 **Fl** 𫓧▲ 289.190(4)✦	115 **Mc** 镆▲ 289.194(6)✦	116 **Lv** 𫟷▲ 293.204(4)✦	117 **Ts** 鿬▲ 293.208(6)✦	118 **Og** 鿫▲ 294.214(5)✦	Q P O N M L K

★ 镧系	+3 57 **La**★ 镧 $5d^1 6s^2$ 138.90547(7)	+2 +3 +4 58 **Ce** 铈 $4f^1 5d^1 6s^2$ 140.116(1)	+3 +4 59 **Pr** 镨 $4f^3 6s^2$ 140.90766(2)	+2 +3 +4 60 **Nd** 钕 $4f^4 6s^2$ 144.242(3)	+3 61 **Pm** 钷▲ $4f^5 6s^2$ 144.91276(2)✦	+2 +3 62 **Sm** 钐 $4f^6 6s^2$ 150.36(2)	+2 +3 63 **Eu** 铕 $4f^7 6s^2$ 151.964(1)	+3 64 **Gd** 钆 $4f^7 5d^1 6s^2$ 157.25(3)	+3 +4 65 **Tb** 铽 $4f^9 6s^2$ 158.92535(2)	+3 +4 66 **Dy** 镝 $4f^{10} 6s^2$ 162.500(1)	+3 67 **Ho** 钬 $4f^{11} 6s^2$ 164.93033(2)	+3 68 **Er** 铒 $4f^{12} 6s^2$ 167.259(3)	+2 +3 69 **Tm** 铥 $4f^{13} 6s^2$ 168.93422(2)	+2 +3 70 **Yb** 镱 $4f^{14} 6s^2$ 173.045(10)	+3 71 **Lu** 镥 $4f^{14} 5d^1 6s^2$ 174.9668(1)
★ 锕系	+3 89 **Ac**★ 锕 $6d^1 7s^2$ 227.02775(2)✦	+3 +4 90 **Th** 钍 $6d^2 7s^2$ 232.0377(4)	+3 +4 +5 91 **Pa** 镤 $5f^2 6d^1 7s^2$ 231.03588(2)	+2 +3 +4 +5 +6 92 **U** 铀 $5f^3 6d^1 7s^2$ 238.02891(3)	+3 +4 +5 +6 +7 93 **Np** 镎 $5f^4 6d^1 7s^2$ 237.04817(2)✦	+3 +4 +5 +6 +7 94 **Pu** 钚 $5f^6 7s^2$ 244.06421(4)✦	+2 +3 +4 +5 +6 95 **Am** 镅▲ $5f^7 7s^2$ 243.06138(2)✦	+3 +4 96 **Cm** 锔▲ $5f^7 6d^1 7s^2$ 247.07035(3)✦	+3 +4 97 **Bk** 锫▲ $5f^9 7s^2$ 247.07031(4)✦	+2 +3 +4 98 **Cf** 锎▲ $5f^{10} 7s^2$ 251.07959(3)✦	+2 +3 99 **Es** 锿▲ $5f^{11} 7s^2$ 252.0830(3)✦	+2 +3 100 **Fm** 镄▲ $5f^{12} 7s^2$ 257.09511(5)✦	+2 +3 101 **Md** 钔▲ $5f^{13} 7s^2$ 258.09843(3)✦	+2 +3 102 **No** 锘▲ $5f^{14} 7s^2$ 259.1010(7)✦	+3 103 **Lr** 铹▲ $5f^{14} 6d^1 7s^2$ 262.110(2)✦